Modbus
软件开发实战指南

（第2版） 杨更更◎著

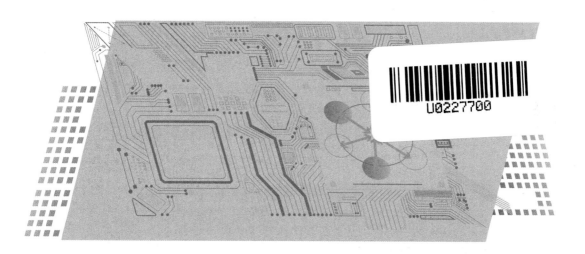

清华大学出版社

北 京

内 容 简 介

Modbus 是工业自动化领域广泛使用的通信协议之一,随着电子、计算机和通信技术的不断发展,特别是物联网以及"互联网+"等概念的兴起,Modbus 通信技术也从串行总线发展到了 Modbus TCP,方兴未艾。为了让广大在校学生、工业控制和自动化工程师及技术人员了解 Modbus 协议的内涵,掌握 Modbus 通信技术的软件开发方法,作者从初学者的角度,由浅入深,循循善诱,以文字和图片相结合的方式撰写了本书。

本书共 13 章,首先介绍 Modbus 协议,特别是功能码消息帧的定义,然后从软件开发的角度详细介绍辅助调试工具、软件开发环境的构筑,重点介绍和解析 libmodbus 开发库的源代码,以及 libmodbus 在不同语言环境下的开发技巧。阅读本书可快速入门并精通 Modbus 软件开发技术。作为软件技术开发指南类书籍,本书不仅仅局限于 Modbus 通信协议,对其他通信协议的软件开发也有很高的参考价值。

本书可作为各大高校、工程设计院、系统集成商和工厂企业的 Modbus 通信协议开发人员学习软件设计和开发的入门指导书籍,也可作为工业自动化及物联网开发领域工程技术人员的参考书籍,还可供广大自动化与通信专业的教师、学生及物联网开发爱好者阅读。

图书在版编目(CIP)数据

Modbus 软件开发实战指南/杨更著. — 2 版.—北京:清华大学出版社,2021.9(2024.11重印)
ISBN 978-7-302-58893-1

Ⅰ.①M… Ⅱ.①杨… Ⅲ.①工业自动控制—通信协议—指南 Ⅳ.①TP273-62 ②TN915.04-62

中国版本图书馆 CIP 数据核字(2021)第 166191 号

责任编辑:郭 赛
封面设计:杨玉兰
责任校对:胡伟民
责任印制:曹婉颖

出版发行:清华大学出版社
      网 址:https://www.tup.com.cn,https://www.wqxuetang.com
      地 址:北京清华大学学研大厦 A 座   邮 编:100084
      社 总 机:010-83470000   邮 购:010-62786544
      投稿与读者服务:010-62776969,c-service@tup.tsinghua.edu.cn
      质量反馈:010-62772015,zhiliang@tup.tsinghua.edu.cn
      课件下载:https://www.tup.com.cn,010-83470236
印 装 者:三河市铭诚印务有限公司
经 销:全国新华书店
开 本:186mm×240mm   印 张:19.5   字 数:405 千字
版 次:2017 年 4 月第 1 版 2021 年 11 月第 2 版   印 次:2024 年11月第 4 次印刷
定 价:78.00 元

产品编号:077549-01

序

　　会当凌绝顶，一览众山小。

　　生活总给我们带来新的挑战，同时也有新的惊喜。转眼间，这本编程指南已经出版 4 年多了，这些年里，这本书教授了许多读者开发入门的知识，帮助许多人解决了现实中遇到的问题，而且能够得到许多读者有益的反馈，尤其让作者的我非常意外和感动。

　　时间总是在不经意间流逝，我们也在人生的旅途上不断前行，每个人不免在时间的旅途中生出许多新的感悟。

　　实际上，Modbus 协议本身并不复杂，但如果考虑到各种可能的应用场景，就会意识到问题的关键并不在于 Modbus 协议本身，而是在于如何封装各种需求并通过代码实现。正如当今网络上的一句流行语说的那样：越是底层，距离硬件越近的东西，编程反而越容易。因为一样东西如果距离需求很远，那么它的变化就少，所以就非常固定。而任何固定的知识，并没有本质上的难度，只是做功课时间长短的问题。而越是趋近表层，在距离用户越近的空间里，问题越复杂，因为它距离"人"非常近，而人的需求总是充满变数的。

　　在这些年里，Modbus 协议并没有发生翻天覆地的变化，相反一直以其持续稳定、简洁易用的特性在越来越多的领域，特别是 IoT（物联网）中获得了广泛的应用。而正是因为这一特点，Modbus 协议非常适合作为初学者的入门知识和研究对象，理解了 Modbus 协议就理解了工业通信的特点，非常有利于学习更高层次、更复杂的通信协议。

　　本书自出版以来收到了很多读者的反馈，也让我受益匪浅。

　　特别是在网络上的各大卖场，例如京东、当当、淘宝、亚马逊等，本书都收获了许多读者真诚的评价和推荐（见下一页部分评价截图）。

　　限于篇幅，这里不再一一列举，感谢所有读者的支持和厚爱。

　　关于本书的代码，实际上在初版里已经做了说明，作为立志成为程序员的每一位读者，只有通过亲手敲击代码才能深刻体会到每一行代码的意义和精髓所

在，特别是对于初学者，通过这种方法学习起来会事半功倍，取得意想不到的效果，单纯地复制粘贴其实没有任何意义，这也是国内外每一位编程大师的感悟。

在本书的写作和改版过程中，得到了出版社编辑老师的热情帮助和支持，在此一并致谢！

最后，感谢家人的理解和支持，感谢所有阅读了本书的读者。

读一本书犹如登一座山，希望每个人都能"一览众山小"！

杨更更

2021 年 8 月

如果时间能够回到几年之前，也许人生将会是另外一番际遇吧。

当时的我初次接触 Modbus 通信协议，并且需要基于 Modbus 完成一个质量高度稳定的工业控制程序，怎么办呢？一开始，面对浩如烟海的资料和设计要求确实一筹莫展。不过现在想想，如果那时遇到了像这样的一本书，我一定会毫不犹豫地买下来。听到这样的话，你心里一定在想：嘿，王婆卖瓜，自卖自夸。好吧，我承认有一些自夸了，人嘛，都是有那么一点点虚荣心的。

但是，我可以保证，当你认真阅读过此书之后，一定会有不一样的收获。

其实，从初次接触 Modbus 通信协议起，我就下定决心写一本适合 Modbus 初学者的入门书籍，使得大家能够快速上手，避免重走不必要的弯路。可是真正写起来才发现，这不是一时半刻就能够完成的工作。一方面是我只能在工作之余的闲暇时间写作；另一方面是软件开发技术上牵扯的方方面面太多，如何有条理地组织各种材料也是一个大难题。就这样，写写停停，甚至写作提纲也是几易其稿。好在没有什么压力，在坚持之下最后竟然"凑成"了这本看似不错的 Modbus 开发入门资料。在提供给周围的一些人阅读后，大家都觉得不错并且值得出版，这也给了我信心。

正所谓"闻道有先后，术业有专攻"。我曾经咨询过很多资深的开发人员，他们平日里大多会研究和学习各种新奇的开发技术，不会有太多的时间总结和归纳。据我所知，目前市场上关于 Modbus 开发的书籍并不太多，以至于至今还没有一本专门介绍 Modbus 软件开发的书。机缘巧合，我做了第一个"吃螃蟹"的人。我希望能够通过这本书把我所学习和掌握的一些 Modbus 软件开发工具和技能介绍给大家，让大家体会到软件开发的乐趣，减轻 Modbus 开发入门时的迷茫和无助。如果能够实现这个目的，善莫大焉。不仅如此，这本书不仅仅局限于 Modbus 本身，书中提到的开发技巧和经验对其他开发工作也有借鉴意义。

本书大体可划分为三篇：理论篇、实践篇和提高篇，篇章结构如下所示。

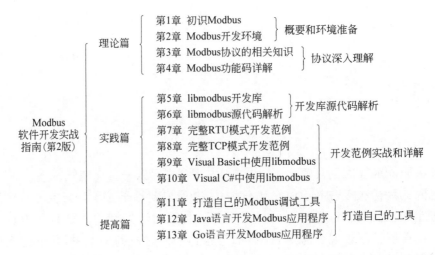

Modbus
软件开发实战
指南(第2版)

理论篇
第1章 初识Modbus
第2章 Modbus开发环境 } 概要和环境准备
第3章 Modbus协议的相关知识
第4章 Modbus功能码详解 } 协议深入理解

实践篇
第5章 libmodbus开发库
第6章 libmodbus源代码解析 } 开发库源代码解析
第7章 完整RTU模式开发范例
第8章 完整TCP模式开发范例
第9章 Visual Basic中使用libmodbus
第10章 Visual C#中使用libmodbus } 开发范例实战和详解

提高篇
第11章 打造自己的Modbus调试工具
第12章 Java语言开发Modbus应用程序 } 打造自己的工具
第13章 Go语言开发Modbus应用程序

　　理论篇主要介绍 Modbus 协议本身，便于初学者体会 Modbus 协议的精髓所在，打好基础。实践篇通过对 libmodbus 开发库源码的分析以及各种范例程序的演示，助力读者快速入门和上手，掌握各种模式下的开发方法和技巧。提高篇则进一步带领读者开发自己的 Modbus 调试工具。按照各章节的内容，读者可以循序渐进地阅读本书，逐步完成从入门到精通的过程。作为软件开发者，很多人都没有付费购买书籍的习惯。我觉得吧，该付费的时候就别省，也许通过阅读就可以系统地提升自己，让你在同事中脱颖而出，少量投资换来的是成千上百倍的回报。

　　很多人又会说，不用买你的书，我也可以自己通过 Google 或百度解决问题啊。是的，的确没错，现在互联网这么发达，没有解决不了的问题，但是这要花费你大量的时间和精力，与其这样，还不如快速学习更多的东西，做些更有意义的事情。在互联网时代，最重要的是懂得如何站在别人的肩膀上。

本书定位

　　本书是循序渐进地学习 Modbus 软件开发的书籍，需要你有针对性地阅读。当然，当你遇到问题或者想了解某个知识点时，你可以直接定位到相关章节查看内容。

　　本书以通俗易懂的语言和图片描述 Modbus 软件的开发技巧，基本上每个操作都会有图片或者实际程序代码演示，便于读者自学。

　　本书以解决 Modbus 软件开发中的问题为目的，围绕这一点着重讲述如何快速入门并精通 Modbus 软件开发技术。对于 Modbus 开发来说，必要的硬件不可缺少，但是为了能迅速入门，减少硬件依赖，本书尽可能使用各种软件工具模拟硬件环境，阅读本书时有一台计算机足矣，这也是本书的一大特色。

目标读者

- 如果你初学 Modbus 通信协议；
- 如果你想用 C/C++ 语言开发 Modbus 通信库；
- 如果你想用其他语言（如 Visual Basic、Visual C#、Java、Go）开发 Modbus 应用程序；
- 如果你想从事物联网或 Modbus 测试开发；
- 如果你英语不好；
- 如果你想节省搜索的时间；
- 如果你想提高工作效率。

那么这本书简直就是为你量身定做的。

尽管本人已尽力确保本书的准确性和完整性，但因知识和能力有限，书中难免存在疏漏之处，恳请各位读者不吝批评指正，争取将来进一步完善本书，以此回报大家对本书的支持和厚爱。

致谢

在本书的写作和出版过程中，得到了很多人的热情帮助和支持，在此一并致谢！

首先要感谢创造和发明 Modbus 通信协议的那些人，正是因为他们创造性的工作才有了如此简洁、优雅并广泛应用的通信协议供大家使用。可以毫不夸张地说，Modbus 协议的出现推动了人类工业自动化生产的进步。

其次要感谢清华大学的杨开明教授、北京交通大学的杨莉副教授，在本书的写作和出版过程中，各位老师都给出了详细的意见和建议。

最后，感谢家人的支持和所有阅读本书的读者。如果能够给各位读者带来哪怕一点收获或体会，那将是对我极大的鼓舞，谢谢！

杨更更

2021 年 8 月

目　录

第 1 章　初识 Modbus　　1

1.1　背景　2
1.2　模型　3
1.3　协议版本　4
1.4　通信设备　5
1.5　事务处理　6
1.6　专业术语　7

第 2 章　Modbus 开发环境　　9

2.1　虚拟串口软件　10
  2.1.1　什么是虚拟串口软件　10
  2.1.2　使用方法　10
2.2　Modbus Poll 的使用　14
  2.2.1　简介　14
  2.2.2　功能　14
  2.2.3　使用方法　15
2.3　Modbus Slave 的使用　18
  2.3.1　简介　18
  2.3.2　功能　18
  2.3.3　使用方法　19
2.4　Modbus Poll-Slave 互联互通　20
2.5　Visual Studio 2015 的安装　24

第 3 章　Modbus 协议的相关知识　　27

3.1　协议概要　28
3.2　Modbus 寄存器　29
  3.2.1　寄存器种类说明　29
  3.2.2　寄存器地址分配　30

3.3　Modbus 串行消息帧格式　31

　3.3.1　ASCII 消息帧格式　31

　3.3.2　RTU 消息帧格式　31

　3.3.3　地址域　33

　3.3.4　功能码域　33

　3.3.5　数据域　34

3.4　Modbus 差错校验　34

　3.4.1　LRC 校验　34

　3.4.2　CRC 校验　35

3.5　字节序和大小端　42

　3.5.1　来历　42

　3.5.2　为什么会有大小端　43

　3.5.3　什么是"大端"和"小端"　43

3.6　Modbus TCP 消息帧格式　45

　3.6.1　协议描述　45

　3.6.2　查询与响应报文示例　48

第 4 章　Modbus 功能码详解　49

4.1　功能码概要　50

4.2　01（0x01）读取线圈/离散量输出状态　51

　4.2.1　功能说明　51

　4.2.2　查询报文　51

　4.2.3　响应报文　52

　4.2.4　借助工具软件观察和理解　53

4.3　02（0x02）读取离散量输入值　59

　4.3.1　功能说明　59

　4.3.2　查询报文　60

　4.3.3　响应报文　60

4.4　03（0x03）读取保持寄存器值　61

　4.4.1　功能说明　61

　4.4.2　查询报文　61

　4.4.3　响应报文　62

4.5　04（0x04）读取输入寄存器值　63

　4.5.1　功能说明　63

　4.5.2　查询报文　63

　4.5.3　响应报文　64

4.6　05（0x05）写单个线圈或单个离散输出　65

4.6.1　功能说明　65

4.6.2　查询报文　65

4.6.3　响应报文　66

4.7　06（0x06）写单个保持寄存器　67

4.7.1　功能说明　67

4.7.2　查询报文　67

4.7.3　响应报文　68

4.8　08（0x08）诊断功能　68

4.8.1　功能说明　68

4.8.2　查询报文　68

4.8.3　响应报文　69

4.8.4　诊断子功能码　70

4.9　11（0x0B）获取通信事件计数器　73

4.9.1　功能说明　73

4.9.2　查询报文　73

4.9.3　响应报文　74

4.10　12（0x0C）获取通信事件记录　74

4.10.1　功能说明　74

4.10.2　查询报文　75

4.10.3　响应报文　75

4.11　15（0x0F）写多个线圈　76

4.11.1　功能说明　76

4.11.2　查询报文　76

4.11.3　响应报文　77

4.12　16（0x10）写多个保持寄存器　78

4.12.1　功能说明　78

4.12.2　查询报文　78

4.12.3　响应报文　79

4.13　17（0x11）报告从站 ID(仅用于串行链路)　80

4.13.1　功能说明　80

4.13.2　查询报文　81

4.13.3　响应报文　81

4.14　Modbus 异常响应　82

第 5 章　libmodbus 开发库　85

5.1　功能概要　86

5.2　源码获取与编译　86

5.3　与应用程序的关系　92

第 6 章　libmodbus 源代码解析　93

6.1　类型与结构定义　94

6.1.1　精细类型定义　94

6.1.2　常量定义　96

6.1.3　核心结构体定义之一　97

6.1.4　核心结构体定义之二　101

6.2　常用接口函数　102

6.2.1　各类辅助接口函数　102

6.2.2　各类 Modbus 功能接口函数　106

6.2.3　数据处理的相关函数或宏定义　110

6.3　RTU/TCP 关联接口函数　111

6.3.1　RTU 模式关联函数　111

6.3.2　TCP 模式关联函数　112

6.4　部分内部函数详解　113

6.4.1　函数 read_io_status()　113

6.4.2　函数 read_registers()　118

6.4.3　函数 write_single()　121

6.4.4　函数 modbus_mapping_new_start_address()　123

6.5　开发应用程序基本流程　126

第 7 章　完整 RTU 模式开发范例　129

7.1　开发 RTU Master 端　130

7.1.1　新建工程　130

7.1.2　添加开发库　132

7.1.3　添加应用源代码　133

7.1.4　代码调试　141

7.2　开发 RTU Slave 端　143

7.2.1　新建工程并添加开发库　143

7.2.2　添加应用源代码　143

第 8 章　完整 TCP 模式开发范例　147

8.1　开发 TCP Client 端　148

8.1.1　新建工程　148

8.1.2　添加开发库　148

8.1.3　添加应用源代码　150

8.1.4　代码调试　159

8.2　开发 TCP Server 端　160

8.2.1　新建工程并添加开发库　160

8.2.2　添加应用源代码　161

第 9 章　Visual Basic 中使用 libmodbus　165

9.1　函数调用约定与修饰名　166

9.1.1　函数调用约定　166

9.1.2　函数修饰名　167

9.1.3　调用约定的使用　169

9.2　模块定义文件　170

9.3　对 libmodbus 开发库的改造　171

9.3.1　添加 __stdcall 调用符　171

9.3.2　添加 DEF 模块定义文件　172

9.4　开发 Visual Basic 程序　175

9.4.1　创建新项目　175

9.4.2　添加函数描述文件　177

9.4.3　调用 libmodbus 库函数　182

第 10 章　Visual C# 中使用 libmodbus　187

10.1　开发 Visual C# 程序　188

10.1.1　创建新项目　188

10.1.2　添加函数描述文件　190

10.1.3　调用 libmodbus 库函数　195

10.2　基于 C# 的 NModbus 类库　199

10.2.1　什么是 NModbus 类库　199

10.2.2　NModbus 类库用法　200

第 11 章　打造自己的 Modbus 调试工具　205

11.1　开发自己的 Modbus Poll　206

11.1.1　软件需求分析　206

11.1.2　命令行解析功能　207

11.1.3　创建应用程序并调试　212

11.2　开发自己的 Modbus Slave　234

11.2.1　软件需求分析　234

11.2.2　创建应用程序并调试　　236

第 12 章　Java 语言开发 Modbus 应用程序　　247

12.1　开发环境的构建　248
　　12.1.1　安装 Java 开发环境　248
　　12.1.2　Java 图形化开发工具　252
12.2　开发 Modbus RTU 程序　254
　　12.2.1　准备工作　254
　　12.2.2　代码编写和调试　260
12.3　开发 Modbus TCP 程序　271

第 13 章　Go 语言开发 Modbus 应用程序　　281

13.1　开发环境的构建　282
　　13.1.1　安装 Go 语言开发环境　282
　　13.1.2　Go 语言图形化开发工具　285
13.2　开发 Modbus 应用程序　293
　　13.2.1　准备工作　293
　　13.2.2　代码编写和调试　293

参考文献　　298

第 1 章

初识 Modbus

什么是 Modbus 通信协议？ 在学习和开发 Modbus 通信协议之前，需要先学习一些入门的基础知识，以便为后续章节的学习打下良好的基础。 简而言之，Modbus 通信协议是工业领域通信协议的业界标准，并且是当前工业电子设备之间常用的连接方式之一，特别是在物联网蓬勃发展的当下，了解并掌握广泛应用的 Modbus 通信协议意义重大。

本章主要介绍 Modbus 的相关背景知识和一些基本概念。

1.1 背景

Modbus 协议是由 Modicon 公司(现为施耐德电气公司的一个品牌)在 1979 年开发的,是全球第一个真正用于工业现场的总线协议,其 LOGO 如图 1-1 所示。之后为了更好地普及和推动 Modbus 基于以太网(TCP/IP)的分布式应用,施耐德公司已将 Modbus 协议的所有权移交给 IDA(Interface for Distributed Automation,分布式自动化接口)组织,并成立了 Modbus-IDA 组织,此组织的成立和发展进一步推动了 Modbus 协议的广泛应用。

图 1-1 Modbus 的 LOGO

访问 Modbus 官方网址(http://www.modbus.org)可以获取完整的协议文本。

Modbus 协议是应用于电子控制器上的一种通用语言。通过此协议可以实现控制器相互之间、控制器经由网络和其他设备之间的通信,它已经成为一种通用的工业标准,有了它,不同厂商生产的控制设备就可以连接成工业网络,进行集中监控。Modbus 协议定义了一个控制器能够认识和使用的消息结构,而不管它们是经过何种网络进行通信的;而且描述了控制器请求访问其他设备的过程,如何应答来自其他设备的请求,以及怎样侦测错误并记录;并制定了统一的消息域的结构和内容。

当在 Modbus 网络上通信时,Modbus 协议决定了每个控制器必须要知道它们的设备地址,识别按地址发来的消息决定要产生何种行为。如果需要回应,则控制器将生成反馈信息并通过 Modbus 协议发送。

Modbus 通信协议具有以下几个特点。

- Modbus 协议标准开放、公开发表且无版税要求。用户可以免费获取并使用 Modbus 协议,不需要交纳许可证费,也不会侵犯知识产权。

- Modbus 协议支持多种电气接口,如 RS232、RS485、TCP/IP 等;还可以在各种介质上传输,如双绞线、光纤、红外、无线等。
- Modbus 协议消息帧格式简单、紧凑、通俗易懂。用户理解和使用简单,厂商容易开发和集成,方便形成工业控制网络。

在大多数工厂里,现场仪表采用单独的控制室直连对绞线电缆连接到控制系统。当仪表设备被连接到一种分散式 I/O 系统时,在 Modbus 协议的帮助下可以增加更多的现场设备,但是仅仅需要一根对绞线电缆就可以把所有数据传送到 Modbus 主站设备。以 Modbus 网络的方式组网连接时,可以把现场设备连接到一个 DCS 过程控制系统、PLC 设备或工业计算机系统,整个工厂的连接都能够从对绞线电缆控制室直连的方式转变为 Modbus 网络连接方式。

现代工业控制领域持续不断产生和应用诸如现场总线和网状网络等先进的概念,而 Modbus 协议的简单性以及其便于在许多通信媒介上实施应用的特点一直使它受到最广泛的支持,并且成为全球应用最广泛的工业协议。当使用现有老式控制系统的用户发现自己需要扩充现场仪表或者增加远程控制器时,基本上都会采用 Modbus 作为一个能够解决复杂问题的简单方案。当用户试图把一个外来设备连接到既存控制系统中时,使用设备的 Modbus 接口被证明是最容易、最可靠的办法。

虽然 Modbus 已经发展到了极为成熟的阶段,但它仍然是十分普及的通信方式之一。Modbus 便于学习、使用,非常可靠,价格低廉,并且可以连接到工业控制领域几乎所有的传感器和控制设备上。学会并掌握 Modbus 开发将会成为一项具有广泛意义和实际应用价值的技能。

1.2 模型

Modbus 是 OSI 模型第 7 层之上的应用层报文传输协议,它在不同类型总线或网络设备之间提供主站设备/从站设备(或客户机/服务器)通信。

自从 1979 年发布并成为工业串行链路通信的事实标准以来,Modbus 使成千上万的自动化设备能够通信。目前,为了继续增加对简单而优雅的 Modbus 通信协议的支持,国际互联网组织规定并保留了 TCP/IP 栈上的系统 502 端口专门用于访问 Modbus 设备。Modbus 协议栈模型如图 1-2 所示。

软件开发实战指南(第2版)

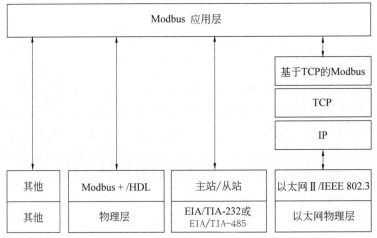

图 1-2　Modbus 协议栈模型

1.3　协议版本

Modbus 通信协议目前存在用于串行链路、TCP/IP 以太网以及其他支持互联网协议的网络版本。大多数 Modbus 设备通信通过串口(RS232/RS485)或 TCP/IP 物理层进行连接,如图 1-3 所示。

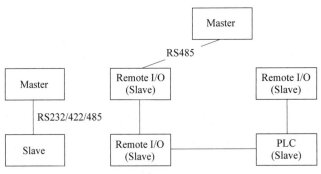

图 1-3　Modbus 串行网络结构

Modbus 串行链路连接存在两个变种,它们在协议细节上略有不同,主要区别是传输数据的字节表示上的不同。这两个变种包括 RTU 模式和 ASCII 模式。Modbus RTU 模式是一种紧凑的、采用二进制表示数据的方式;而 Modbus ASCII 模式是一种人类可读的、冗长的表示方式。这两个变种都使用串行链路通信

(Serial Communication)方式,为了确保数据传输的完整性和准确性,RTU 模式下消息格式命令和数据带有循环冗余校验的校验和,而 ASCII 模式下消息格式采用纵向冗余校验的校验和,而且被配置为 RTU 模式的节点不能与配置为 ASCII 模式的节点通信,反之亦然。

通过 TCP/IP(例如以太网)物理层的连接存在多个 Modbus/TCP 变种,这种方式不需要校验和的计算。

以上 3 种通信模式在数据模型和功能调用上都是相同的,只有传输报文的封装方式是不同的。

当前,Modbus 协议有一个扩展版本 Modbus Plus(Modbus＋或者 MB＋),不过此协议是 Modicon 专有的,与 Modbus 不同,它需要一个专门的协处理器处理类似 HDLC 的高速令牌旋转,它使用 1Mb/s 的双绞线,并且每个节点都有转换隔离装置,是一种采用转换/边缘触发而不是电压/水平触发的装置。连接 Modbus PLUS 到计算机需要特别的接口,通常是支持 ISA(SA85)、PCI 或者 PCMCIA 总线的板卡。

1.4 通信设备

通常情况下,Modbus 协议是一个主/从(Master/Slave)或客户端/服务器(Client/Server)架构的协议。通信网络中有一个节点是 Master 节点;其他使用 Modbus 协议参与通信的节点是 Slave 节点,每个 Slave 设备都有一个唯一的地址。在串行和 MB＋网络中,只有被指定为主节点的节点才可以启动一个命令(在以太网上,任何一个设备都能发送一个 Modbus 命令,但是通常也只有一个主节点设备可以引导指令)。

一个 Modbus 命令包含准备执行指令的设备的 Modbus 地址。线路上的所有设备都会收到命令,但只有指定地址的设备会执行并回应指令(地址 0 例外,指定地址 0 的指令是广播指令,所有收到指令的设备都会运行,不过无须回应指令)。所有 Modbus 传输报文都包含错误校验码,以确定到达的命令是否完整。例如,基本的 Modbus 命令能指示一个 Modbus RTU 设备改变其寄存器的某个值,控制或者读取一个 I/O 端口,以及指挥设备回送一个或者多个寄存器中的数据。

有许多网关设备都支持 Modbus 协议,因为 Modbus 协议简单且容易复制,其中有一些是专为 Modbus 协议特别设计的,与复杂的使用有线、无线通信甚至短消息等的 GPRS(General Packet Radio Service)的设计不同,这些设备要简单得多,

不过设计者需要克服高延迟和时序的问题。

1.5 事务处理

Modbus 协议允许在各种网络体系结构内进行简单通信,每种设备(包括 PLC、HMI、控制面板、驱动程序、动作控制、输入/输出设备)都能使用 Modbus 协议启动远程操作。在基于串行链路和以太网(TCP/IP)的 Modbus 上可以进行相互通信。

Modbus 是一个请求/应答协议,并且提供统一的功能码用于数据传输服务。Modbus 功能码是 Modbus 请求/应答 PDU(Protocol Data Unit,协议数据单元)的元素之一,所谓的 PDU 是 Modbus 协议定义的一个与基础通信层无关的简单协议数据单元。而在特定总线或网络上,Modbus 协议则通过 ADU(Application Data Unit,应用数据单元)引入一些附加域,以实现完整而准确的数据传输。

为了寻求一种简洁的通信格式,Modbus 协议定义了 PDU 模型,即功能码+数据的格式;而为了适应多种传输模式,又在 PDU 的基础上增加了必要的前缀(如地址域)和后缀(如差错校验),形成了 ADU 模型。

ADU 与 PDU 之间的关系如图 1-4 所示。

图 1-4 ADU 与 PDU 的关系

Modbus 事务处理的过程如下。

主机设备(或客户端)创建 Modbus 应用数据单元形成查询报文,其中功能码标识了向从机设备(或服务器端)指示将要执行的操作。功能码占用 1 字节,有效的码字范围是十进制 1~255(其中 128~255 为异常响应保留)。查询报文创建完毕,主机设备(或客户端)向从机设备(或服务器端)发送报文,从机设备(或服务器端)接收报文后根据功能码做出相应的动作,并将响应报文返回给主机设备(或客户端),如图 1-5 所示。

如果在一个正确接收的 Modbus ADU 中不出现与请求 Modbus 功能有关的差错,那么从机设备(或服务器端)将返回正常的响应报文。如果出现与请求 Modbus 功能有关的差错,那么响应报文的功能码域将包括一个异常码,主机设备

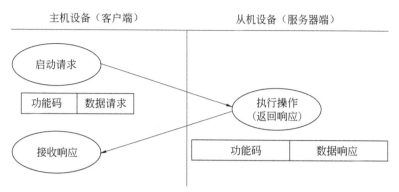

图1-5 Modbus 事务处理（正常）的过程

（或客户端)能够根据异常码确定下一步执行的操作。

如图 1-6 所示,对于异常响应,从机设备(或服务器端)将返回一个与原始功能码等同的码值,但设置该原始功能码的最高有效位为逻辑 1,用于通知主机设备(或客户端)。

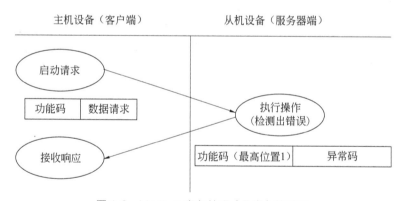

图 1-6 Modbus 事务处理（异常）的过程

1.6 专业术语

常用的专业术语如下。

- Master　主(站)设备;
- Slave　从(站)设备;
- Client　客户端;
- Server　服务器端;

- ADU   应用数据单元（Application Data Unit）；
- PDU   协议数据单元（Protocol Data Unit）；
- MSB   最高有效位（Most Significant Bit）；
- LSB   最低有效位（Least Significant Bit）；
- MBAP   Modbus 应用协议（Modbus Application Protocol）；
- PLC   可编程逻辑控制器（Programmable Logic Controller）。

第 2 章

Modbus 开发环境

古人云: 纸上得来终觉浅, 绝知此事要躬行。 Modbus 作为一种工业常用的标准通信协议, 作为开发者, 如果仅仅熟读协议和规范, 则不能深入掌握和理解其中的精髓, 要想知其然并知其所以然, 必须充分实践。

古人又云: 工欲善其事, 必先利其器, 由此可见使用工具的重要性。 借助于各种辅助工具能够事半功倍地掌握相关的知识和技能, 何乐而不为呢？ 所以在具体学习和理解协议之前, 需要首先构筑 Modbus 协议的相关学习和开发环境。

2.1　虚拟串口软件

2.1.1　什么是虚拟串口软件

如图 2-1 所示,为了便于理解和调试 Modbus,首推两个工具软件 Modbus Poll
和 Modbus Slave,分别代表 Modbus 主站设备
和从站设备;为了在一台 PC 上通信和调试,另
外需要安装虚拟串口软件(Visual Serial Port
Driver,VSPD),用于连接主站设备和从站设
备。借助此 3 种软件的帮助,可以先在 PC 上
做一些基础实验,直观地观察通信数据,这是
一个很好的入门方法。

图 2-1　Modbus 开发辅助工具

需要注意的是,以上软件都是共享软件,仅仅用于学习和评估,安装测试完毕后
应删除或者购买。当然,在本书学习完毕之后也可以动手制作自己的调试工具。

Virtual Serial Port Driver 是由著名的软件公司 Eltima 制作的一款虚拟串口
软件,允许用户模拟多串口,支持所有的设置和信号线,仿佛操作真正的 COM 端
口一样。通过操作虚拟串口对,写入一个虚拟 COM 端口的数据可以从另外一个
COM 端口读取,可以通过此方式实现在两个串口程序之间交换数据,如图 2-2 所
示;而且可以随时创建多个虚拟端口对,所以不会有串行端口短缺的困扰,不需要
额外的硬件挤占用户的办公桌。

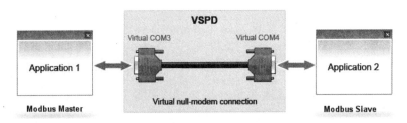

图 2-2　虚拟串口对工作原理

2.1.2　使用方法

VSPD 的具体安装和使用方法如下,请根据步骤一步步地实施。

(1) 如图 2-3 所示,访问 VSPD 主页 http://www.eltima.com/,下载 VSPD.

exe 安装程序,双击开始安装。

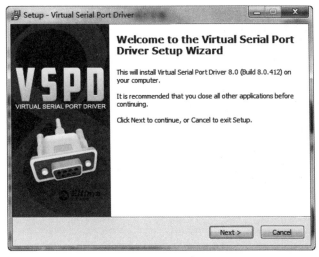

图 2-3 VSPD 安装步骤(1)

(2) 安装过程中,如图 2-4 所示,弹出确认对话框,需要勾选【始终信任来自 "Eltima LLC"的软件】选项,然后单击【安装】按钮以安装虚拟串口驱动。

图 2-4 VSPD 安装步骤(2)

(3) 如图 2-5 所示,这是安装的最后一步,单击 Finish 按钮以完成安装。

(4) VSPD 程序的主画面如图 2-6 所示。

(5) 下一步如图 2-7 所示,在画面左边区域单击【Virtual Serial Port Driver】按钮,选择【Virtual ports】选项,在画面右边区域选择【Manage ports】,在下面的复选框中分别选择两个串口的名称,例如图 2-7 所示的【COM1】和【COM2】;然后单击【Add】按钮,添加一对虚拟串口,可以根据需要添加多组串口对。添加完成后,在【Virtual ports】选项下面将列出可访问的串口对,该图中分别创建了两组串口连

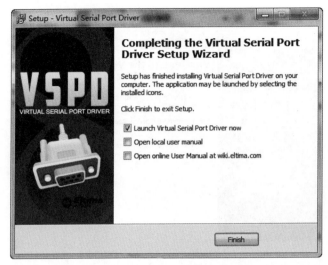

图 2-5　VSPD 安装完成

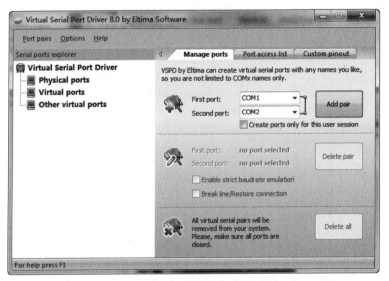

图 2-6　VSPD 主画面

接对,即【COM1<=>COM2】和【COM3<=>COM4】选项。

（6）在计算机设备管理器中确认虚拟串口是否安装成功。

切换到计算机桌面上,然后依次选择菜单项【开始】→【控制面板】→【设备管理器】,弹出设备管理窗口;或者在计算机桌面上右击,选择【属性】菜单,然后选择【设备管理器】选项,如图 2-8 所示。在设备管理器中,确认【端口（COM 和 LPT）】

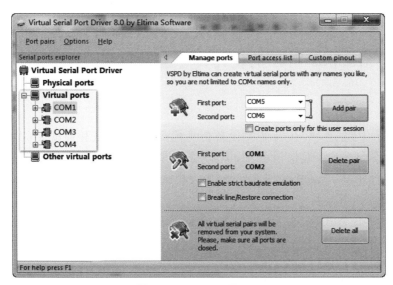

图 2-7　VSPD 设置画面

项中是否正常安装了 Virtual Serial Ports 的串口设备，也可以通过串口调试助手等软件确认 COM1 和 COM2 是否已互连互通。

图 2-8　设备管理器窗口

经过以上步骤,虚拟串口软件 VSPD 安装并设置完毕。

2.2 Modbus Poll 的使用

2.2.1 简介

Modbus Poll 是 Modbus 主站设备仿真器,可用于测试和调试 Modbus 从站设备,便于观察 Modbus 通信过程中的各种报文数据。该软件支持 Modbus RTU、ASCII、TCP/IP 等协议模式,支持下列协议模式:

- Modbus RTU;
- Modbus ASCII;
- Modbus TCP/IP;
- Modbus RTU Over TCP/IP;
- Modbus ASCII Over TCP/IP;
- Modbus UDP/IP;
- Modbus RTU Over UDP/IP;
- Modbus ASCII Over UDP/IP。

2.2.2 功能

Modbus Poll 作为一个主站设备仿真工具,支持多文档接口,即可以同时监视多个从站设备及数据域。每个窗口可简单地设定从站设备 ID、功能、起始地址、寄存器数量和轮询间隔,可以从任意一个窗口读写寄存器和线圈的值。如果想改变一个单独的寄存器,简单地双击这个值即可修改,也可以改变多个寄存器/线圈值。

Modbus Poll 提供多种数据格式的显示方式,例如浮点型、双精度型、长整型(可以按字节序列交换),并且状态栏可显示各种错误信息,便于观察和调试。

Modbus Poll 的主要功能如下:

- 读/写多达 125 个寄存器;
- 读/写多达 2000 个输入/线圈;
- 提供 Test Center 菜单(组织你自己的测试字串);
- 打印和打印预览;
- 监视串行数据流量;
- 通信数据可导出到 txt 或 Excel 文档;
- 提供多种数据格式的显示方式;
- 起始基地址可调整(0 或 1);

- 提供字体和颜色选项；
- 提供 Modbus 广播功能（从设备 ID 为 0）。

Modbus Poll 支持的 Modbus 功能码如下（关于 Modbus 功能码的详述可参考后续章节）。

- 01：Read coil status——读线圈状态。
- 02：Read input status——读输入状态。
- 03：Read holding register——读保持寄存器。
- 04：Read input registers——读输入寄存器。
- 05：Force single coil——强制写入单线圈。
- 06：Preset single register——预置单寄存器。
- 15：Force multiple coils——强制写入多线圈。
- 16：Preset multiple registers——预置多寄存器。
- 17：Report slave ID——报告从设备 ID。
- 22：Mask write register——屏蔽写寄存器。
- 23：Read/Write registers——读/写寄存器。

2.2.3　使用方法

（1）访问网站 http：//www.modbustools.com/，下载 Modbus Poll 安装包，按照提示进行安装。

（2）连接参数设置。安装完毕，启动 Modbus Poll 工具，选择菜单项【Connection】→【Connect】，弹出连接设置对话框，如图 2-9 所示。

其中，【Connection】列表框可选择连接方式，这里选择【Serial Port】串口通信方式；【Serial Settings】选择通过哪个串口与从设备通信；下面的 4 个复选框用于配置串口参数；【Mode】项用于配置通信模式 RTU 或 ASCII；【Response Timeout】项用于设置超时判断。

（3）Modbus Poll 主画面窗口。Modbus Poll 主画面如图 2-10 所示。该图中打开了两个调试窗口，左边的子窗口访问 ID＝1 的从设备，并且从地址 0 开始连续读取 10 个保持寄存器（Holding Registers）的值；Tx 标识发送命令的次数，Err 标识错误的个数；F＝03 表示功能号，即读保持寄存器；SR 表示发送命令的周期，即多长时间重复读取寄存器一次。右边的子窗口访问 ID＝2 的从设备，并且从地址 0 开始连续读取 10 个保持寄存器的值；Alias 列可以由用户输入自定义字符串，用来标识每个寄存器的意义。

如果想修改从设备对应的保持寄存器的值，则可以双击画面上的地址单元

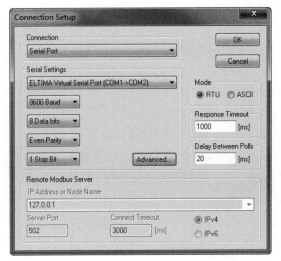

图 2-9　连接设置对话框

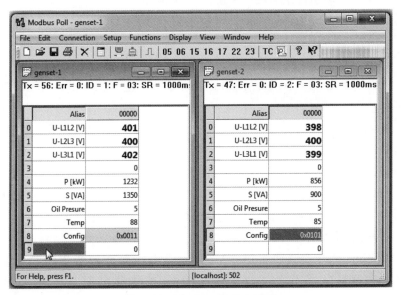

图 2-10　Modbus Poll 主画面

格，将弹出寄存器值修改对话框，如图 2-11 所示。

其中，Slave ID 表示从设备地址，Address 表示写入寄存器起始地址；Value 表示用户需要写入的变量值；Use Function 表示用户可选择的写入命令。

（4）定义读写规则。用户可根据调试需求任意改变当前窗口的读写规则和对象。选择菜单项【Setup】→【Read/Write Definition】，弹出修改对话框，如图 2-12 和图 2-13 所示。

图 2-11 寄存器修改对话框

图 2-12 菜单选择画面

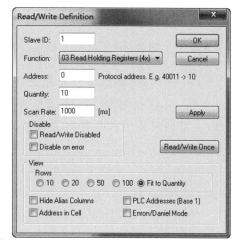

图 2-13 定义读写规则

在图 2-13 中，【Slave ID】表示从设备的 ID；【Function】列表框可选择读写功能；【Address】用来输入读写起始地址；【Quantity】表示读写寄存器数量；【Rows】表示窗口同时显示的列数，选择【Fit to Quantity】项更加方便查看，可屏蔽干扰项。

对于【Address】项，这里需要特别强调一下，Address 表示 Modbus 寄存器地址，其取值范围与设备寄存器地址存在映射关系，如表 2-1 所示。

表 2-1 设备地址与 Modbus 地址的映射关系

Device address	Modbus address	Description	Function	R/W
1~10000*	address -1	Coils（Outputs）	01	Read/Write
10001~20000*	address -10001	Discrete Inputs	02	Read
40001~50000*	address -40001	Holding Registers	03	Read/Write
30001~40000*	address -30001	Input Registers	04	Read

* 注：地址范围的最大值依赖于具体设备，例如，若设备保持寄存器地址的最大值为 410501，则 Modbus 地址为 10500。

在某些情况下,如果仅进行一次性测试,则可以单击【Read/Write Once】按钮。

如果勾选【PLC Addresses(Base 1)】复选框,则所有的寄存器地址基数将变换为 1,否则默认寄存器地址基数为 0。

关于 Modbus Poll 的详细用法,后续章节将结合开发进一步说明。

2.3 Modbus Slave 的使用

2.3.1 简介

Modbus Slave 调试工具是用来模拟 Modbus 从设备的工具,用于接收主设备的命令包,并回送数据包,可用于测试和调试 Modbus 主站设备,以便于观察 Modbus 通信过程中的各种报文数据。Modbus Slave 支持 Modbus RTU、ASCII、TCP/IP 等协议。

Modbus Slave 支持下列协议模式:

- Modbus RTU;
- Modbus ASCII;
- Modbus TCP/IP;
- Modbus RTU Over TCP/IP;
- Modbus ASCII Over TCP/IP;
- Modbus UDP/IP;
- Modbus RTU Over UDP/IP;
- Modbus ASCII Over UDP/IP。

2.3.2 功能

Modbus Slave 作为 Modbus 从设备的模拟工具,可帮助 Modbus 通信设备开发人员进行 Modbus 通信协议的模拟和测试;可以在 32 个子窗口中模拟多达 32 个 Modbus 从设备;与 Modbus Poll 的用户界面相同,支持 01、02、03、04、05、06、15、16、22 和 23 等功能码,可用于监视串口或者网络通信数据。

Modbus Slave 的主要功能如下:

- 读/写多达 125 个寄存器;
- 读/写多达 2000 个输入/线圈;
- 监视串行数据流量;
- 通信数据可导出到 txt 或 Excel 文档;

- 提供多种数据格式的显示方式;
- 起始基地址可调整(0 或 1);
- 提供字体和颜色选项;
- 提供 Modbus 广播功能(从设备 ID=0)。

Modbus Slave 支持 Modbus 的功能码如下(关于功能码的详述可参考后续章节)。

- 01:Read coil status——读线圈状态。
- 02:Read input status——读输入状态。
- 03:Read holding register——读保持寄存器。
- 04:Read input registers——读输入寄存器。
- 05:Force single coil——强制单线圈。
- 06:Preset single register——预置单寄存器。
- 15:Force multiple coils——强制多线圈。
- 16:Preset multiple registers——预置多寄存器。
- 17:Report slave ID——报告从设备 ID。
- 22:Mask write register——屏蔽写寄存器。
- 23:Read/Write registers——读/写寄存器。

2.3.3 使用方法

(1) 访问网站 http://www.modbustools.com/,下载 Modbus Slave 安装包,按照顺序进行安装。

(2) 连接参数设定。安装完毕,启动 Modbus Slave 工具,为了让主设备能够连接设定的从设备,需要进行连接设定。选择菜单项【Connection】→【Connect】,弹出连接设置对话框,如图 2-14 所示。

在图 2-14 中,【Connection】项可选择连接种类,标准 Modbus 协议支持【Serial Port】和【TCP/IP】两种类型,可根据实际需要设定连接参数。

(3) 从设备寄存器设定。设定连接参数后,可以新建一个从设备寄存器子窗口,然后进行从设备寄存器的参数设定。选择菜单项【Setup】→【Slave Definition】,弹出设置对话框,如图 2-15 所示。

在图 2-15 中,【Slave ID】项可以输入从设备的 ID 值;【Function】项可以选择寄存器的种类,这里选取了 Holding Register。

注意:如果【03 Holding Register (4x)】被选中,则窗口可接收写命令 06、16、22 和 23;如果【01 Coil Status (0x)】被选中,则窗口可接收写命令 05 和 15。

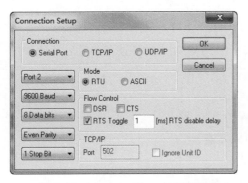

图 2-14　Modbus Slave 连接设定

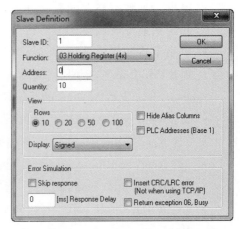

图 2-15　Modbus Slave 寄存器设定

【Address】表示 Modbus 寄存器的起始地址，例如图 2-15 中表示 Holding Register 的起始地址。寄存器的设备地址和 Modbus 地址之间的映射关系可以参考表 2-1。

【Quantity】表示 Holding Register 的数量；【Display】表示寄存器地址以何种格式显示数值，具体的显示格式与实际使用的数据类型以及字节序大小端有关，后续章节会详细讨论。

2.4　Modbus Poll-Slave 互联互通

下面进行 Modbus Poll 和 Modbus Slave 互联互通实验，以形象直观的方式展示 Modbus 通信的数据流。根据前面的设定可知，虚拟串口软件 Virtual Serial Port Driver 已将 COM1 和 COM2 连接，因此现在通过 COM1 和 COM2 将 Modbus Poll 和 Modbus Slave 连接起来进行通信。

首先在 Modbus Slave 端进行如下设置，如图 2-16 所示。

连接设定完毕，新建一个寄存器子窗口。在新建的寄存器子窗口中右击选择【Slave Definition】项，完成寄存器设定，如图 2-17 所示。

寄存器设置完毕，返回主窗口，如图 2-18 所示。

双击主窗口地址栏可以修改每个寄存器的实际值。

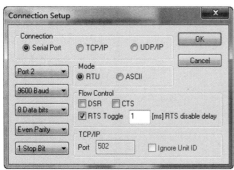

图 2-16 Modbus Slave 连接设定

图 2-17 Modbus Slave 寄存器设定

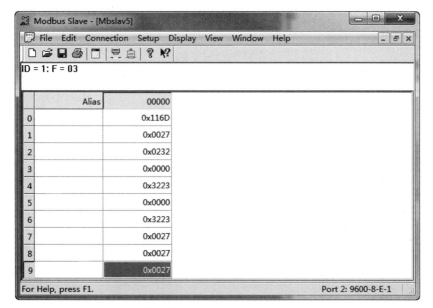

图 2-18 Modbus Slave 主窗口

　　同样，在 Modbus Poll 端做对应的连接设置，如图 2-19 和图 2-20 所示。注意：串口参数必须一一对应。

21

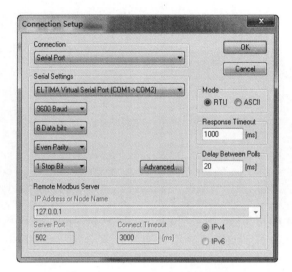

图 2-19　Modbus Poll 连接设置

图 2-20　Modbus Poll 读写定义

　　分别连接 COM1 和 COM2，可以观察当前所有寄存器的读取情况，如图 2-21 所示。

　　通信过程中，如果选择菜单项【Display】→【Communication】，则会弹出通信数据对话框，可以分析每帧的实际数据，如图 2-22 所示。

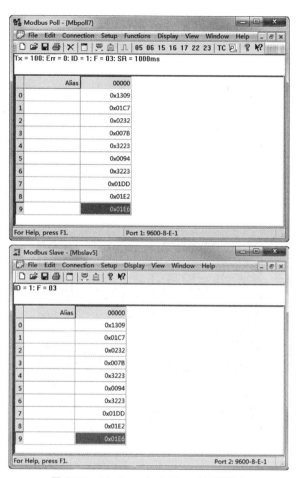

图 2-21　Modbus Poll-Slave 读写测试

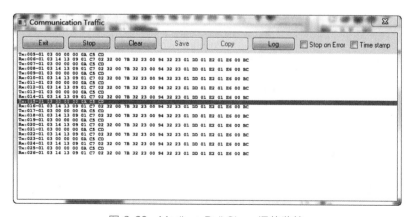

图 2-22　Modbus Poll-Slave 通信监控

2.5 Visual Studio 2015 的安装

前面的章节介绍了调试和分析 Modbus 通信的工具和方法,下面介绍
Windows 环境下的开发工具。在 Windows 平台上首推的开发环境是 Visual
Studio 套件。Visual Studio 是一套基于组件的软件开发工具和集成环境,可用于
构建功能强大、性能出众的应用程序,其当前最新版是 Visual Studio 2022,学习时
可以使用免费的 Visual Studio 2015 社区版。

进入 Visual Studio 官方网站(https://www.visualstudio.com/zh-cn/),单击
下载 Visual Studio 2015 社区版,如图 2-23 所示。

图 2-23　下载 Visual Studio

如果一切正常,则会得到一个大约为 3MB 的应用程序,如图 2-24 所示。

图 2-24　Visual Studio 安装文件

双击该应用程序,稍等片刻就会来到安装界面,如图 2-25 所示。建议至少选
择安装 Visual C++、Visual C♯ 以及 Visual Basic 等组件。

依据提示操作完成 Visual Studio 2015 社区版的安装(也可以通过搜索引擎下
载完整版 ISO 文件进行安装)。至此,对于 Modbus 开发和调试环境的介绍暂时

告一段落。

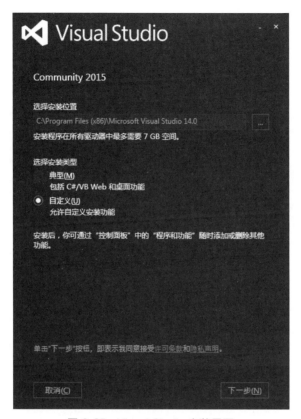

图 2-25　Visual Studio 安装界面

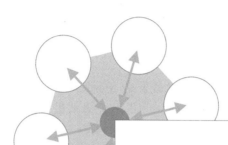

第 3 章

Modbus 协议的
相关知识

从本章开始具体学习 Modbus 协议的
相关知识，特别是对于一些特殊点需要细
细体会。

3.1　协议概要

简而言之,Modbus协议是一种单主/多从的通信协议,其特点是在同一时间总线上只能有一个主设备,但可以有一个或者多个(最多247个)从设备。Modbus通信总是由主设备发起,当从设备没有收到来自主设备的请求时,从设备不会主动发送数据。从设备之间不能相互通信,主设备只能同时启动一个Modbus访问事务处理。

主设备可以采用两种方式向从设备发送Modbus请求报文,即主设备可以对指定的单个从设备或者线路上所有的从设备发送请求报文,而从设备只能在被动接收请求报文后给出响应报文,即应答(如图3-1所示)。这两种模式分别如下。

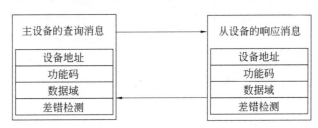

图3-1　Modbus请求应答周期

- 单播模式。主设备仅仅寻址单个从设备,从设备接收并处理请求后,向主设备返回一个响应报文,即应答。在这种模式下,一个Modbus事务处理包含两个报文:一个是主设备的请求报文,另一个是从设备的响应报文。

每个从设备必须有唯一的地址(地址范围为1~247),这样才能区别于其他从设备,从而可以独立被寻址,同时主设备不占用地址。

- 广播模式。此种模式下,主设备可以向所有从设备发送请求指令,而从设备在接收到广播指令后仅进行相关指令的事务处理,而不要求返回应答。基于此,广播模式下,请求指令必须是Modbus标准功能中的写指令。

根据Modbus标准协议的要求,所有从设备必须接收广播模式下的写指令,且地址0被保留,用来识别广播通信。

1. 请求

主设备发送的请求报文主要包括从设备地址(或者广播地址0)、功能码、传输的数据以及差错检测字段。

查询消息中的功能码告诉被选中的从设备要执行何种功能。数据段包含从

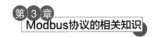

设备要执行功能的所有附加信息。例如,功能代码 03 要求从设备读取保持寄存器并返回其内容。

数据段必须包含要告诉从设备的信息:从哪个寄存器开始读取及要读取的寄存器数量。差错检测域为从设备提供一种验证消息内容是否正确的方法。

2. 应答

从设备的应答报文包括地址、功能码、差错检测域等。

如果从设备产生了一个正常的回应,则回应消息中的功能码是查询消息中的功能码的回应。数据段包括从设备收集的数据,如寄存器值或状态。如果有错误发生,则功能码将被修改以用于指出回应消息是错误的,同时数据段包含描述此错误信息的代码。差错检测域允许主设备确认消息内容是否可用。

对于串行链路来说,又存在两种传输帧模式:ASCII(American Standard Code for Information Interchange,美国标准信息交换码)模式和 RTU(Remote Terminal Unit,远程终端单元)模式。但是,对于同一网络或链路来说,所有设备必须保持统一,要么统一为 ASCII 模式,要么统一为 RTU 模式,不可共存。相对来说,RTU 模式的传输效率更高,因此在当前普遍的生产环境中,RTU 模式获得了广泛应用,而 ASCII 模式只能作为特殊情况下的可选项。

3.2　Modbus 寄存器

3.2.1　寄存器种类说明

Modbus 协议中的一个重要概念是寄存器,所有数据均存放于寄存器。最初,Modbus 协议借鉴了 PLC 中寄存器的含义,但是随着 Modbus 协议的广泛应用,寄存器的概念进一步泛化,它不再是指具体的物理寄存器,也可能是指一块内存区域。Modbus 寄存器根据存放的数据类型以及各自的读写特性将寄存器分为四部分,这四部分既可以连续,也可以不连续,由开发者决定。寄存器的意义如表 3-1 所示。

表 3-1　Modbus 寄存器

寄存器种类	说　　明	与 PLC 类比	举 例 说 明
线圈状态 (Coil Status)	输出端口。 可设定端口的输出状态,也可以读取该位的输出状态。可分为两种不同的执行状态,例如保持型或边沿触发型	DO(数字量输出)	电磁阀输出、MOSFET 输出、LED 显示等

续表

寄存器种类	说　　明	与 PLC 类比	举 例 说 明
离散输入状态 （Input Status）	输入端口。 通过外部设定改变输入状态，可读但不可写	DI（数字量输入）	拨码开关、接近开关等
保持寄存器 （Holding Register）	输出参数或保持参数，控制器运行时被设定的某些参数，可读可写	AO（模拟量输出）	模拟量输出设定值，PID运行参数，变量阀输出大小，传感器报警上限、下限
输入寄存器 （Input Register）	输入参数。 控制器运行时从外部设备获得的参数，可读但不可写	AI（模拟量输入）	模拟量输入

3.2.2　寄存器地址分配

　　Modbus 寄存器的地址分配如表 3-2 所示，它仍然参照了 PLC 寄存器地址的分配方法。

表 3-2　Modbus 寄存器地址分配

寄存器种类	寄存器 PLC 地址	寄存器 Modbus 协议地址	简称	读写状态
线圈状态	00001～09999	0000H～FFFFH	0x	可读可写
离散输入状态	10001～19999	0000H～FFFFH	1x	只读
保持寄存器	40001～49999	0000H～FFFFH	4x	可读可写
输入寄存器	30001～39999	0000H～FFFFH	3x	只读

　　表 3-2 中的 PLC 地址可以理解为 Modbus 协议地址的变种，在触摸屏和 PLC 编程中的应用较为广泛。寄存器 PLC 地址是指存放于控制器中的地址，这些控制器既可以是 PLC，也可以是触摸屏或文本显示器。PLC 地址一般采用十进制描述，共有 5 位，其中第 1 位数字代表寄存器类型。第 1 位数字和寄存器类型的对应关系如表 3-2 所示。例如，PLC 地址 40001、30002 等。

　　寄存器 Modbus 协议地址是指通信时使用的寄存器寻址地址，例如 PLC 地址 40001 对应寻址地址 0x0000，40002 对应寻址地址 0x0001。寄存器寻址地址一般使用十六进制描述。再如，PLC 寄存器地址 40003 对应的协议地址是 0x0002，PLC 寄存器地址 30003 对应的协议地址也是 0x0002，虽然这两个 PLC 寄存器通

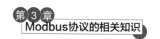

信时使用相同的 Modbus 协议地址,但是因为不同寄存器的功能码也不同,需要使用不同的命令访问,所以访问时不存在冲突。

3.3 Modbus 串行消息帧格式

Modbus ASCII 或 RTU 模式仅适用于标准的 Modbus 协议串行网络,它定义了在这些网络上连续传输的消息段的每个字节,以及决定如何将信息打包成消息域和如何解码等功能。

3.3.1 ASCII 消息帧格式

当控制器设为在 Modbus 网络上以 ASCII 模式通信时,在消息中每个 8 位(b)的字节都将作为两个 ASCII 字符发送。这种方式的主要优点是字符发送的时间间隔可达到 1 秒且不产生错误。

在 ASCII 模式下,消息以冒号(:)字符(ASCII 码为 0x3A)开始,以回车换行符结束(ASCII 码为 0x0D、0x0A)。消息帧的其他字段(域)可以使用的传输字符是十六进制的 0…9、A…F。处于网络上的 Modbus 设备不断侦测“:”字符,当接收到一个冒号时,每个设备进入解码阶段,并解码下一个字段(地址域)以判断是否是发给自己的。消息帧中的字符间发送的时间间隔最长不能超过 1 秒,否则接收设备将认为发生传输错误。

一个典型的 ASCII 消息帧格式如表 3-3 所示。

表 3-3　Modbus ASCII 消息帧格式

起始	地址	功能代码	数　据	LRC 校验	结束
1 字符 ⋮	2 字符	2 字符	0～2 * 252 字符	2 字符	2 字符 CR,LF

3.3.2 RTU 消息帧格式

传输设备(主/从设备)将 Modbus 报文放置在带有已知起始点和结束点的消息帧中,这就要求接收消息帧的设备在报文的起始点开始接收,并且要知道报文传输何时结束。另外还必须检测到不完整的报文,且能够清晰地设置错误标志。

在 RTU 模式中,消息的发送和接收以至少 3.5 个字符时间的停顿间隔为标志。实际应用中,网络设备不断侦测网络总线,计算字符间的停顿间隔时间,判断消息帧的起始点。当接收到第一个域(地址域)时,每个设备都进行解码以判断是

否是发给自己的。在最后一个传输字符结束后,一个至少 3.5 个字符时间的停顿标定了消息的结束,而一个新的消息可在此停顿后开始。另外,在一帧报文中必须以连续的字符流发送整个报文帧。如果两个字符之间的空闲间隔大于 1.5 个字符时间,则认为报文帧不完整,该报文将被丢弃。

很多初学者面对 3.5 字符时间间隔的概念时往往会陷入迷茫的状态。其实,需要记住的是:

- 3.5 时间间隔的目的是作为区别前后两帧数据的分隔符;
- 3.5 时间间隔只对 RTU 模式有效。

后续具体编码的章节会针对这一点进一步阐述。

如图 3-2 所示,Modbus 通信时规定主机发送完一组命令后必须间隔 3.5 个字符再发送下一组新命令,这 3.5 个字符主要用来告诉其他设备这次命令(数据)已结束。这 3.5 个字符时间的间隔采用以下方式计算。

通常情况下,在串行通信中,1 个字符包括 1 位起始位、8 位数据位、1 位校验位(或者没有)、1 位停止位(一般情况下)。这样,一般情况下 1 个字符就包括 11 位,那么 3.5 个字符就是 $3.5 \times 11 = 38.5$ 位。

而串行通信中波特率的含义是每秒传输的二进制位的个数。例如波特率为 9600b/s 表示每秒(即 1000ms)传输 9600 位的数据;反过来说,传输 9600 个二进制位的数据需要 1000ms,那么传输 38.5 个二进制位的数据需要的时间就是

$$38.5 \times (1000/9600) = 4.0104167\text{ms}$$

如图 3-2 所示,Modbus RTU 模式要求相邻两帧数据的起始和结束之间至少有大于或等于 3.5 个字符的时间间隔,那么在波特率为 9600b/s 的情况下,只要大于 4.0104167ms 即可。

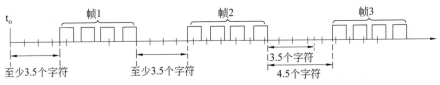

图 3-2 Modbus RTU 模式相邻帧间隔

每个消息帧的格式如图 3-3 所示。

注意:为了实现 RTU 通信中的时间间隔管理,定时器将引起大量的中断处理,在较高的通信波特率下,这将导致 CPU 的沉重负担。为此,协议规定当波特率等于或低于 19200b/s 时,需要严格遵守时间间隔;而在波特率大于 19200b/s 的情况下,时间间隔使用固定值。建议 1.5 个字符时间间隔为 $750\mu s$,帧间时间间隔

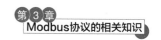

Modbus报文				
起始	地址	功能代码	数据	CRC 校验	结束
≥3.5个字符	8位	8位	N×8位	16位	≥3.5个字符

图 3-3　Modbus RTU 帧格式

为 $1750\mu s$。

3.3.3　地址域

　　地址域是指 Modbus 通信帧中的地址字段,其内容为从设备地址。Modbus 消息帧的地址域包含 2 个字符(ASCII 模式)或者 1 字节(RTU 模式)。

　　消息帧中可能的从设备地址是 0～247(十进制),单个设备的实际地址范围是 1～247(参见表 3-4)。主设备通过将要联络的从设备的地址放入消息中的地址域而选通从设备。当从设备发送回应消息时,从设备把自己的地址放入回应的地址域中,以便主设备知道是哪个设备做出了回应。

　　地址 0 用作广播地址,以使所有从设备都能认识。当 Modbus 协议用于更高级别的网络时,广播方式可能不被允许或以其他方式代替。

表 3-4　Modbus 寻址范围

0	1～247	248～255
广播地址	从站地址	保留

3.3.4　功能码域

　　功能码在 Modbus 协议中用于表示消息帧的功能。

　　功能码域由 1 字节构成,因此其取值范围为 1～255(十进制)。例如,常用的功能码有 03、04、06、16 等,其中,03 功能码的作用是读保持寄存器的内容,04 功能码的作用是读输入寄存器的内容(输入寄存器和保持寄存器的区别可参考 3.2 节),06 功能码的内容是预置单个保持寄存器,16 功能码的内容是预置多个保持寄存器。

　　从设备根据功能码执行对应的功能,执行完成后,正常情况下会在返回的响应消息帧中设置同样的功能码;如果出现异常,则会在返回的消息帧中将功能码最高位(MSB)设置为 1。据此,主设备可获知对应从设备的执行情况。

　　另外,对于主设备发送的功能码,从设备会根据具体配置决定是否支持此功

能码。如果不支持,则返回异常响应。

3.3.5 数据域

数据域与功能码紧密相关,用来存放功能码需要操作的具体数据。数据域以字节为单位,长度是可变的,对于有些功能码,数据域可以为空。

具体的功能码和数据域的构成及意义可参考后续章节,这里暂时省略。

3.4 Modbus 差错校验

在 Modbus 串行通信中,根据传输模式(ASCII 或 RTU)的不同,差错校验域将采用不同的校验方法。

1. ASCII 模式

在 ASCII 模式中,报文包含一个错误校验字段,该字段由两个字符组成,其值基于对全部报文内容执行的纵向冗余校验(Longitudinal Redundancy Check,LRC)计算的结果而来,计算对象不包括起始的冒号(:)和回车换行符号(CRLF)。

2. RTU 模式

在 RTU 模式中,报文同样包含一个错误校验字段。与 ASCII 模式不同的是,该字段由 16 个比特位共 2 字节组成,其值基于对全部报文内容执行的循环冗余校验(Cyclical Redundancy Check,CRC)计算的结果而来,计算对象包括校验域之前的所有字节。

3.4.1 LRC 校验

在 ASCII 模式中,消息是由特定的字符作为帧头和帧尾分隔的。

一条消息必须以"冒号"(:)字符(ASCII 码为 0x3A)开始,以"回车换行"(CRLF)(ASCII 码为 0x0D 和 0x0A)结束。LRC 校验算法的计算范围为":"与"CRLF"之间的字符。

从算法本质来说,LRC 域自身为 1 字节,即包含一个 8 位二进制数据,由发送设备通过 LRC 算法把计算值附到信息末尾。接收设备在接收信息时通过 LRC 算法重新计算值,并把计算值与 LRC 字段中接收的实际值进行比较。若两者不同,则产生一个错误,返回一个异常响应帧,即对报文中的所有相邻的两个 8 位字节相加,丢弃任何进位,然后对结果进行二进制补码,计算出 LRC 值。

必须注意的是,计算 LRC 校验码的时机是在对报文中每个原始字节进行

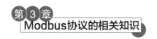

ASCII 码编码之前,对每个原始字节进行 LRC 校验的计算操作。

生成 LRC 校验值的过程如下。

① 将消息帧中的全部字节相加(不包括起始":"和结束符 CRLF),并把结果送入 8 位数据区,舍弃进位。

② 由 0xFF(即全 1)减去最终的数据值,产生 1 的补码(即二进制反码)。

③ 加 1 产生二进制补码。

以上产生的 LRC 值占用 1 字节,但实际上在通过串行链路由 ASCII 模式传递消息帧时,LRC 的结果(1 字节)被编码为 2 字节的 ASCII 字符,并将其放置在 ASCII 模式报文帧的 CRLF 字段之前。

Modbus 标准协议的英文版提供了 LRC 算法,其中的参数意义如下。

unsigned char * auchMsg:含有生成 LRC 所使用的二进制数据的报文缓存区指针。

unsigned short usDataLen:报文缓存区中的字节数。

LRC 的详细代码如下。

```
1  /* 函数返回 unsigned char 类型的 LRC 值 */
2  static unsigned char LRC(unsigned char * auchMsg, unsigned short usDataLen)
3  {
4      unsigned char uchLRC =0;                    /* LRC 字节初始化 */
5
6      while (usDataLen--)                         /* 遍历报文缓冲区 */
7          uchLRC += * auchMsg++;              /* 缓冲区字节相加,自动舍弃进位 */
8
9      return ((unsigned char)(-(( char)uchLRC))) ;   /* 返回二进制补码 */
10 }
```

下面举一个简单的例子。假设从设备地址为 1,要求读取输入寄存器地址 30001 的值,则具体的查询消息帧如下:

":","0","1","0","4","0","0","0","0","0","0","0","1","F","A",CR/LF

其中,"F""A"即为 LRC 值在 ASCII 模式下的形式,即 0xFA。

3.4.2　CRC 校验

在 Modbus RTU 传输模式下,通信报文(帧)包括一个基于循环冗余校验方法的差错校验字段。

CRC 的特点是检错能力极强,开销小,易于用编码器及检测电路实现。从 CRC 的检错能力来看,它不能发现错误的概率在 0.0047% 以下,在 Modbus 通信中基本可以忽略。CRC 校验包括多个版本,常用的 CRC 校验有 CRC-8、CRC-12、CRC-16、CRC-CCITT、CRC-32 等。

从性能和开销上考虑,CRC 校验远远优于奇偶校验、算术和校验等方式,因此在数据存储和数据通信领域 CRC 无处不在。例如,著名的通信协议 X.25 的 FCS(帧检错序列)采用了 CRC-CCITT,而 WinRAR、NERO、ARJ、LHA 等压缩工具软件采用了 CRC-32,磁盘驱动器的读写则采用了 CRC-16,通用的图像存储格式 GIF、TIFF 等也都采用 CRC 作为检错手段。

Modbus 协议采用了 CRC-16 标准校验方法。在 RTU 模式下,CRC 自身由 2 字节组成,即 CRC 是一个 16 位的值。CRC 字段校验整个报文的内容,无论报文中的单个字节采用何种奇偶校验方式,整个通信报文均可使用 CRC-16 校验算法。CRC 字段作为报文的最后字段添加在整个报文末尾。

需要注意的是,因为 CRC-16 由 2 字节构成,所以涉及哪个字节放在前面,哪个字节放在后面传输的问题,即大小端模式的选择问题。另外,由于 Modbus 协议规定寄存器为 16 位(即 2 字节)长度,因此大小端问题的存在给很多初学者造成了困扰。下一节将重点讲解大小端模式。

接收设备在接收信息时会通过 CRC 算法重新计算,并把计算值与 CRC 字段中接收的实际值进行比较。若两者不同,则产生一个错误,并返回一个异常响应报文(帧)告知发送设备。

Modbus 协议中的 RTU 校验码(CRC)计算规则(即 CRC 计算方法)如下。

① 预置一个值为 0xFFFF 的 16 位寄存器,此寄存器为 CRC 寄存器。

② 把第一个 8 位二进制数据(即通信消息帧的第一个字节)与 16 位的 CRC 寄存器进行异或,异或结果仍存放于该 CRC 寄存器。

③ 把 CRC 寄存器的内容右移一位,用 0 填补最高位,并检测移出位是 0 还是 1。

④ 如果移出位为 0,则重复步骤③(再次右移一位);如果移出位为 1,则 CRC 寄存器与 0xA001 进行异或。

⑤ 重复步骤③和④,直到右移 8 次,这样整个 8 位数据全部进行了处理。

⑥ 重复步骤②~⑤,进行通信消息帧下一个字节的处理。

⑦ 将该通信消息帧的所有字节按上述步骤计算完成后,再将得到的 16 位 CRC 寄存器的高、低位字节进行交换,即发送时首先添加低位字节,然后添加高位

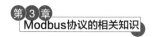

字节。

⑧ 最后得到的 CRC 寄存器内容即为 CRC 校验码。

需要强调的是,在进行 CRC 计算时只有串行链路上每个字符中的 8 个数据位参与计算,而起始位、停止位、奇偶校验位等都不参与 CRC 计算。

常用的 CRC-16 算法有查表法和计算法。

1. 查表法

CRC 查表法是将移位异或的计算结果做成了一个表,即将 0~256 放入一个长度为 16 位的寄存器的低 8 位,高 8 位填充 0,然后将该寄存器与多项式 0xA001 按照上述步骤③、④直到 8 位全部移出,最后寄存器中的值就是表格中的数据,高 8 位、低 8 位分别单独做成一个表。

实际上,Modbus 标准协议的英文版提供了 CRC 查表算法。

函数的输入参数意义如下:

```
unsigned char  * puchMsg;        /* 要进行 CRC 校验的消息 */
unsigned short usDataLen;        /* 消息中的字节数 */
```

```
1   /* 函数返回 unsigned short(即 2 个字节)类型的 CRC 值 */
2   unsigned short CRC16(unsigned char * puchMsg, unsigned short usDataLen)
3   {
4       unsigned char uchCRCHi=0xFF;            /* 高 CRC 字节初始化 */
5       unsigned char uchCRCLo=0xFF;            /* 低 CRC 字节初始化 */
6       unsigned short uIndex;                  /* CRC 循环表中的索引 */
7
8       while (usDataLen--)                     /* 循环处理传输缓冲区消息 */
9       {
10          uIndex=uchCRCHi ^ * puchMsg++;   /* 计算 CRC */
11          uchCRCHi=uchCRCLo ^ auchCRCHi[uIndex];
12          uchCRCLo=auchCRCLo[uIndex];
13      }
14
15      return (uchCRCHi <<8 | uchCRCLo);
16  }
```

其中,auchCRCHi 和 auchCRCLo 的定义分别如下:

```
1   static unsigned char auchCRCHi[] =
2   {
3       0x00, 0xC1, 0x81, 0x40, 0x01, 0xC0, 0x80, 0x41, 0x01, 0xC0, 0x80, 0x41, 0x00,
        0xC1, 0x81,
```

```
4      0x40, 0x01, 0xC0, 0x80, 0x41, 0x00, 0xC1, 0x81, 0x40, 0x00, 0xC1, 0x81, 0x40,
       0x01, 0xC0,
5      0x80, 0x41, 0x01, 0xC0, 0x80, 0x41, 0x00, 0xC1, 0x81, 0x40, 0x00, 0xC1, 0x81,
       0x40, 0x01,
6      0xC0, 0x80, 0x41, 0x00, 0xC1, 0x81, 0x40, 0x01, 0xC0, 0x80, 0x41, 0x01, 0xC0,
       0x80, 0x41,
7      0x00, 0xC1, 0x81, 0x40, 0x01, 0xC0, 0x80, 0x41, 0x00, 0xC1, 0x81, 0x40, 0x00,
       0xC1, 0x81,
8      0x40, 0x01, 0xC0, 0x80, 0x41, 0x00, 0xC1, 0x81, 0x40, 0x01, 0xC0, 0x80, 0x41,
       0x01, 0xC0,
9      0x80, 0x41, 0x00, 0xC1, 0x81, 0x40, 0x00, 0xC1, 0x81, 0x40, 0x01, 0xC0, 0x80,
       0x41, 0x01,
10     0xC0, 0x80, 0x41, 0x00, 0xC1, 0x81, 0x40, 0x01, 0xC0, 0x80, 0x41, 0x00, 0xC1,
       0x81, 0x40,
11     0x00, 0xC1, 0x81, 0x40, 0x01, 0xC0, 0x80, 0x41, 0x01, 0xC0, 0x80, 0x41, 0x00,
       0xC1, 0x81,
12     0x40, 0x00, 0xC1, 0x81, 0x40, 0x01, 0xC0, 0x80, 0x41, 0x00, 0xC1, 0x81, 0x40,
       0x01, 0xC0,
13     0x80, 0x41, 0x01, 0xC0, 0x80, 0x41, 0x00, 0xC1, 0x81, 0x40, 0x00, 0xC1, 0x81,
       0x40, 0x01,
14     0xC0, 0x80, 0x41, 0x01, 0xC0, 0x80, 0x41, 0x00, 0xC1, 0x81, 0x40, 0x01, 0xC0,
       0x80, 0x41,
15     0x00, 0xC1, 0x81, 0x40, 0x00, 0xC1, 0x81, 0x40, 0x01, 0xC0, 0x80, 0x41, 0x00,
       0xC1, 0x81,
16     0x40, 0x01, 0xC0, 0x80, 0x41, 0x01, 0xC0, 0x80, 0x41, 0x00, 0xC1, 0x81, 0x40,
       0x01, 0xC0,
17     0x80, 0x41, 0x00, 0xC1, 0x81, 0x40, 0x00, 0xC1, 0x81, 0x40, 0x01, 0xC0, 0x80,
       0x41, 0x01,
18     0xC0, 0x80, 0x41, 0x00, 0xC1, 0x81, 0x40, 0x00, 0xC1, 0x81, 0x40, 0x01, 0xC0,
       0x80, 0x41,
19     0x00, 0xC1, 0x81, 0x40, 0x01, 0xC0, 0x80, 0x41, 0x01, 0xC0, 0x80, 0x41, 0x00,
       0xC1, 0x81,
20     0x40
21   } ;
22
23   static char auchCRCLo[] =
24   {
25       0x00, 0xC0, 0xC1, 0x01, 0xC3, 0x03, 0x02, 0xC2, 0xC6, 0x06, 0x07, 0xC7, 0x05,
         0xC5, 0xC4,
26       0x04, 0xCC, 0x0C, 0x0D, 0xCD, 0x0F, 0xCF, 0xCE, 0x0E, 0x0A, 0xCA, 0xCB, 0x0B,
         0xC9, 0x09,
```

27	0x08, 0xC8, 0xD8, 0x18, 0x19, 0xD9, 0x1B, 0xDB, 0xDA, 0x1A, 0x1E, 0xDE, 0xDF, 0x1F, 0xDD,
28	0x1D, 0x1C, 0xDC, 0x14, 0xD4, 0xD5, 0x15, 0xD7, 0x17, 0x16, 0xD6, 0xD2, 0x12, 0x13, 0xD3,
29	0x11, 0xD1, 0xD0, 0x10, 0xF0, 0x30, 0x31, 0xF1, 0x33, 0xF3, 0xF2, 0x32, 0x36, 0xF6, 0xF7,
30	0x37, 0xF5, 0x35, 0x34, 0xF4, 0x3C, 0xFC, 0xFD, 0x3D, 0xFF, 0x3F, 0x3E, 0xFE, 0xFA, 0x3A,
31	0x3B, 0xFB, 0x39, 0xF9, 0xF8, 0x38, 0x28, 0xE8, 0xE9, 0x29, 0xEB, 0x2B, 0x2A, 0xEA, 0xEE,
32	0x2E, 0x2F, 0xEF, 0x2D, 0xED, 0xEC, 0x2C, 0xE4, 0x24, 0x25, 0xE5, 0x27, 0xE7, 0xE6, 0x26,
33	0x22, 0xE2, 0xE3, 0x23, 0xE1, 0x21, 0x20, 0xE0, 0xA0, 0x60, 0x61, 0xA1, 0x63, 0xA3, 0xA2,
34	0x62, 0x66, 0xA6, 0xA7, 0x67, 0xA5, 0x65, 0x64, 0xA4, 0x6C, 0xAC, 0xAD, 0x6D, 0xAF, 0x6F,
35	0x6E, 0xAE, 0xAA, 0x6A, 0x6B, 0xAB, 0x69, 0xA9, 0xA8, 0x68, 0x78, 0xB8, 0xB9, 0x79, 0xBB,
36	0x7B, 0x7A, 0xBA, 0xBE, 0x7E, 0x7F, 0xBF, 0x7D, 0xBD, 0xBC, 0x7C, 0xB4, 0x74, 0x75, 0xB5,
37	0x77, 0xB7, 0xB6, 0x76, 0x72, 0xB2, 0xB3, 0x73, 0xB1, 0x71, 0x70, 0xB0, 0x50, 0x90, 0x91,
38	0x51, 0x93, 0x53, 0x52, 0x92, 0x96, 0x56, 0x57, 0x97, 0x55, 0x95, 0x94, 0x54, 0x9C, 0x5C,
39	0x5D, 0x9D, 0x5F, 0x9F, 0x9E, 0x5E, 0x5A, 0x9A, 0x9B, 0x5B, 0x99, 0x59, 0x58, 0x98, 0x88,
40	0x48, 0x49, 0x89, 0x4B, 0x8B, 0x8A, 0x4A, 0x4E, 0x8E, 0x8F, 0x4F, 0x8D, 0x4D, 0x4C, 0x8C,
41	0x44, 0x84, 0x85, 0x45, 0x87, 0x47, 0x46, 0x86, 0x82, 0x42, 0x43, 0x83, 0x41, 0x81, 0x80,
42	0x40
43	};

　　注意：实际编程时，auchCRCHi[]和 auchCRCLo[]的定义应该放在函数CRC16()之前。

　　查表法可以进一步简化如下：

```
1  unsigned short CRC16(unsigned char * puchMsg,unsigned short usDataLen)
2  {
3      static const unsigned short usCRCTable[] =
```

```
 4        {
 5            0X0000, 0XC0C1, 0XC181, 0X0140, 0XC301, 0X03C0, 0X0280, 0XC241,
 6            0XC601, 0X06C0, 0X0780, 0XC741, 0X0500, 0XC5C1, 0XC481, 0X0440,
 7            0XCC01, 0X0CC0, 0X0D80, 0XCD41, 0X0F00, 0XCFC1, 0XCE81, 0X0E40,
 8            0X0A00, 0XCAC1, 0XCB81, 0X0B40, 0XC901, 0X09C0, 0X0880, 0XC841,
 9            0XD801, 0X18C0, 0X1980, 0XD941, 0X1B00, 0XDBC1, 0XDA81, 0X1A40,
10            0X1E00, 0XDEC1, 0XDF81, 0X1F40, 0XDD01, 0X1DC0, 0X1C80, 0XDC41,
11            0X1400, 0XD4C1, 0XD581, 0X1540, 0XD701, 0X17C0, 0X1680, 0XD641,
12            0XD201, 0X12C0, 0X1380, 0XD341, 0X1100, 0XD1C1, 0XD081, 0X1040,
13            0XF001, 0X30C0, 0X3180, 0XF141, 0X3300, 0XF3C1, 0XF281, 0X3240,
14            0X3600, 0XF6C1, 0XF781, 0X3740, 0XF501, 0X35C0, 0X3480, 0XF441,
15            0X3C00, 0XFCC1, 0XFD81, 0X3D40, 0XFF01, 0X3FC0, 0X3E80, 0XFE41,
16            0XFA01, 0X3AC0, 0X3B80, 0XFB41, 0X3900, 0XF9C1, 0XF881, 0X3840,
17            0X2800, 0XE8C1, 0XE981, 0X2940, 0XEB01, 0X2BC0, 0X2A80, 0XEA41,
18            0XEE01, 0X2EC0, 0X2F80, 0XEF41, 0X2D00, 0XEDC1, 0XEC81, 0X2C40,
19            0XE401, 0X24C0, 0X2580, 0XE541, 0X2700, 0XE7C1, 0XE681, 0X2640,
20            0X2200, 0XE2C1, 0XE381, 0X2340, 0XE101, 0X21C0, 0X2080, 0XE041,
21            0XA001, 0X60C0, 0X6180, 0XA141, 0X6300, 0XA3C1, 0XA281, 0X6240,
22            0X6600, 0XA6C1, 0XA781, 0X6740, 0XA501, 0X65C0, 0X6480, 0XA441,
23            0X6C00, 0XACC1, 0XAD81, 0X6D40, 0XAF01, 0X6FC0, 0X6E80, 0XAE41,
24            0XAA01, 0X6AC0, 0X6B80, 0XAB41, 0X6900, 0XA9C1, 0XA881, 0X6840,
25            0X7800, 0XB8C1, 0XB981, 0X7940, 0XBB01, 0X7BC0, 0X7A80, 0XBA41,
26            0XBE01, 0X7EC0, 0X7F80, 0XBF41, 0X7D00, 0XBDC1, 0XBC81, 0X7C40,
27            0XB401, 0X74C0, 0X7580, 0XB541, 0X7700, 0XB7C1, 0XB681, 0X7640,
28            0X7200, 0XB2C1, 0XB381, 0X7340, 0XB101, 0X71C0, 0X7080, 0XB041,
29            0X5000, 0X90C1, 0X9181, 0X5140, 0X9301, 0X53C0, 0X5280, 0X9241,
30            0X9601, 0X56C0, 0X5780, 0X9741, 0X5500, 0X95C1, 0X9481, 0X5440,
31            0X9C01, 0X5CC0, 0X5D80, 0X9D41, 0X5F00, 0X9FC1, 0X9E81, 0X5E40,
32            0X5A00, 0X9AC1, 0X9B81, 0X5B40, 0X9901, 0X59C0, 0X5880, 0X9841,
33            0X8801, 0X48C0, 0X4980, 0X8941, 0X4B00, 0X8BC1, 0X8A81, 0X4A40,
34            0X4E00, 0X8EC1, 0X8F81, 0X4F40, 0X8D01, 0X4DC0, 0X4C80, 0X8C41,
35            0X4400, 0X84C1, 0X8581, 0X4540, 0X8701, 0X47C0, 0X4680, 0X8641,
36            0X8201, 0X42C0, 0X4380, 0X8341, 0X4100, 0X81C1, 0X8081, 0X4040
37        };
38
39        unsigned char nTemp;
40        unsigned short usRegCRC = 0xFFFF;
41
42        while (usDataLen--)
43        {
44            nTemp = * puchMsg++ ^ usRegCRC;
```

```
45        usRegCRC >>=8;
46        usRegCRC ^=usCRCTable[nTemp];
47     }
48    return usRegCRC;
49 }
```

查表法的特点是以字节为单位进行计算,速度快,语句少,但表格会占用一定的程序空间。

2. 计算法

计算法按位计算,适用于所有长度的数据校验,最为灵活;但由于是按位计算,其效率并不是最优的,只适用于对速度不敏感的场合。计算法的基本算法如下。

输入参数的意义:

```
unsigned char * puchMsg;          /* 要进行 CRC 校验的消息 */
unsigned short usDataLen;         /* 消息中的字节数 */
```

```
1  /* 函数返回 unsigned short(即 2 个字节)类型的 CRC 值 */
2  unsigned short CRC16(unsigned char * puchMsg, unsigned short usDataLen)
3  {
4     int i, j;                          /* 循环变量 */
5     unsigned short usRegCRC =0xFFFF;   /* 用于保存 CRC 值 */
6
7     for(i =0; i <usDataLen; i++)       /* 循环处理传输缓冲区消息 */
8     {
9        usRegCRC ^= * puchMsg++;        /* 异或算法得到 CRC 值 */
10       for(j =0; j <8; j++)            /* 循环处理每个 bit 位 */
11       {
12          if (usRegCRC & 0x0001)
13             usRegCRC =usRegCRC >>1 ^ 0xA001;
14          else
15             usRegCRC >>=1;
16       }
17    }
18
19    return usRegCRC;
20 }
```

下面举一个简单的例子。假设从设备地址为 1,要求读取输入寄存器地址

30001 的值,则 RTU 模式下具体的查询消息帧如下:

0x01,0x04,0x00,0x00,0x00,0x01,0x31,0xCA

其中,0xCA31 即为 CRC 值。因为 Modbus 规定发送时 CRC 必须低字节在前、高字节在后,因此实际的消息帧的发送顺序为 0x31,0xCA。

3.5 字节序和大小端

在学习 Modbus 协议时,字节序和大小端是一个非常容易忽视但又容易造成困惑的问题。

3.5.1 来历

很直观地可以知道,在 Modbus 寄存器中,对于一个由 2 字节组成的 16 位整数,在内存中存储这两个字节有两种方法:一种是将低序字节存储在起始地址,称为小端(LITTLE-ENDIAN)字节序;另一种方法是将高序字节存储在起始地址,称为大端(BIG-ENDIAN)字节序。Modbus 通信协议中具体规定了字节高低位的发送顺序,这样就自然引出了字节序和大小端的问题。

另外,或许你曾经仔细了解过什么是大端、小端,也动手编码并测试过手头上的机器中是大端还是小端的程序,甚至还编写过大端、小端转换程序;但过了一段时间之后,再看到大端和小端这两个词,脑海中很快就浮现了自己曾经做过的工作,却总是想不起究竟哪种是大端,哪种是小端,然后又要查找以前写的记录。更让人不快的是,这种经历反反复复,让你十分困惑。

在理解这对概念之前,先看看大端和小端这两个令人迷惑的术语究竟是如何产生的。

实际上,大端和小端可以追溯到 1726 年 Jonathan Swift 所著的《格列佛游记》,其中一篇讲到有两个国家因为吃鸡蛋究竟是先打破较大的一端还是较小的一端而争执不休,甚至爆发了战争。1981 年 10 月,Danny Cohen 的文章《论圣战以及对和平的祈祷》(*On holy wars and a plea for peace*)将这一对词语引入了计算机界。这样看来,所谓大端和小端,也就是 big-endian 和 little-endian,其实是从描述鸡蛋的部位而引申到对计算机地址的描述,也可以说,它们是从一个俚语衍化而来的计算机术语。稍有英语常识的人都会知道,如果单靠字面意思理解俚语,则很难猜到它的正确含义。在计算机中,对于地址的描述很少用"大"和"小"形容;对应地,用得更多的是"高"和"低";很不幸,这对术语直接按字面翻译成了

"大端"和"小端",让人产生迷惑也就不是奇怪的事了。

3.5.2 为什么会有大小端

为什么会有大小端模式之分呢?

这是因为计算机系统是以字节为单位的,每个地址单元都对应一个字节。1字节为 8 位(bit)。在 C 语言中,除了 8 位的 char 型之外,还有 16 位的 short 型和32 位的 long 型(要看具体的编译器)。另外,对于位数大于 8 位的处理器,例如 16位或者 32 位处理器,由于寄存器宽度大于 1 字节,那么必然存在一个如何安排多个字节的问题,因此就出现了大端存储模式和小端存储模式。

例如一个 16 位的 short 型 x 在内存中的地址为 0x0010,x 的值为 0x1122,那么 0x11 为高字节,0x22 为低字节。对于大端模式,可以将 0x11 放在低地址,即0x0010 中;0x22 放在高地址,即 0x0011 中。对于小端模式,刚好相反。常用的X86 结构是小端模式,而 KEIL C51 则是大端模式。很多 ARM、DSP 都是小端模式。有些 ARM 处理器还可以由硬件选择是大端模式还是小端模式。

3.5.3 什么是"大端"和"小端"

对于什么是"大端"和"小端",《UNIX 网络编程·卷一》中关于这两个概念做了简单概括。不仅限于这本书,很多计算机书籍都是这样介绍这两个概念的,你也会在和计算机相关的书中遇到它们。尽管很令人疑惑,但是在继续深入理解Modbus 协议之前,最好对这两个术语的概念有所理解。

所谓的大端模式,是指数据的低位保存在内存的高地址中,数据的高位保存在内存的低地址中。

所谓的小端模式,是指数据的低位保存在内存的低地址中,而数据的高位保存在内存的高地址中。

可以用图形加深理解,如图 3-4 所示。

在图 3-4 中,顶部标明内存地址的增长方向为从右到左,底部标明内存地址的增长方向为从左到右,并且还标明最高有效位(即 most significant bit,MSB)是这个 16 位值最左边的一位,最低有效位(即 least significant bit,LSB)是这个 16 位值最右边的一位。可见,术语"小端"和"大端"表示多个字节值的哪一端(小端或大端)存储在该值的起始地址。

例如,16 位宽的整数 0x1234 在 Little-Endian 模式 CPU 内存中的存放方式(假设从地址 0x4000 开始存放)为:

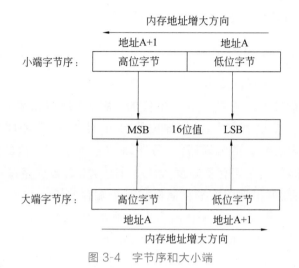

图 3-4　字节序和大小端

内存地址	0x4000	0x4001
存放内容	0x34	0x12

而在 Big-Endian 模式 CPU 内存中的存放方式则为：

内存地址	0x4000	0x4001
存放内容	0x12	0x34

不止 16 位的值存在大小端的问题,任意多字节的值都存在排序问题。

例如,32 位宽的数（整数或者实数皆可）0x12345678 在 Little-Endian 模式 CPU 内存中的存放方式（假设从地址 0x4000 开始存放）为：

内存地址	0x4000	0x4001	0x4002	0x4003
存放内容	0x78	0x56	0x34	0x12

而在 Big-Endian 模式 CPU 内存中的存放方式则为：

内存地址	0x4000	0x4001	0x4002	0x4003
存放内容	0x12	0x34	0x56	0x78

大小端这两种字节序目前没有标准可循,都有系统在使用。

实际上,Modbus 协议中规定一个寄存器占用 16 位,即 2 字节长度,因此开发之前有必要搞清楚系统的大小端模式和字节序。

对于 32 位的整数或者实数来说,存在以下 4 种不同的字节序(A、B、C、D 代表各字节):

- Long(float) AB CD
- Long(float) CD AB
- Long(float) BA DC
- Long(float) DC BA

例如:若系统采用字节序 AB CD,则十进制整数 123456789(其十六进制为 07 5B CD 15)在 Modbus 消息中的发送顺序为 07 5B CD 15;而十进制实数 123456.00(其十六进制为 47 F1 20 00)在 Modbus 消息中的发送顺序为 47 F1 20 00。

而对于 64 位的双精度实数来说,也存在以下 4 种不同的字节序:

- Double AB CD EF GH
- Double GH EF CD AB
- Double BA DC FE HG
- Double HG FE DC BA

例如:若采用字节序 AB CD EF GH,则双精度实数 123456789.00(其十六进制为 41 9D 6F 34 54 00 00 00)在 Modbus 消息中的发送顺序为 41 9D 6F 34 54 00 00 00。

3.6   Modbus TCP 消息帧格式

Modbus 是与物理层无关的通信协议,前面介绍了 Modbus 串行消息帧格式的定义,本节在此基础上介绍 Modbus TCP 消息帧的格式定义,即在 TCP/IP 网络上的 Modbus 报文传输服务。

3.6.1   协议描述

在 Modbus TCP/IP 中,串行链路中的主/从设备分别演变为客户端/服务器端设备,即客户端相当于主站设备,服务器端相当于从站设备。基于 TCP/IP 网络的传输特性,串行链路上一主/多从的构造也演变为多客户端/多服务器端的构造模型。Modbus 协议在 TCP/IP 上的实现是在 TCP/IP 层上的应用,它需要一个完整的 TCP/IP 栈作为支撑,Modbus TCP/IP 服务器端通常使用端口 502 作为接收报文的端口。

我们已经知道,Modbus 协议定义了一个与基础通信层无关的简单协议数据单元(PDU),如图 3-5 所示。

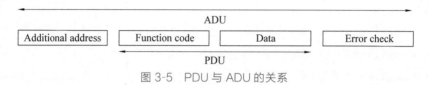

图 3-5　PDU 与 ADU 的关系

为便于传输或者提取各报文、保证报文传输的完整性,Modbus 协议在应用数据单元(ADU)中引入了附加字段。如串行链路中,针对 ASCII 模式分别引入(:)作为报文分隔标记,并引入 LRC 作为错误校验;而针对 RTU 模式则引入 $T_{3.5}$ 时间间隔作为报文分隔,并引入 CRC 作为错误校验。

同样地,在 TCP/IP 网络上的 Modbus 协议也需要引入一个称为 MBAP (Modbus Application Header,MAH)报文头的字段,如图 3-6 所示。

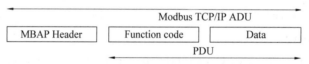

图 3-6　Modbus TCP/IP ADU 与 PDU 的关系

作为对比,Modbus TCP/IP 与 Modbus 串行链路之间的报文数据构造的区别和联系如图 3-7 所示。

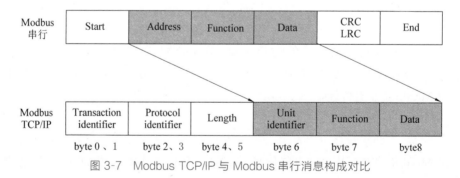

图 3-7　Modbus TCP/IP 与 Modbus 串行消息构成对比

Modbus TCP/IP 的最大帧数据长度为 260 字节,其中字节 0~6 构成 MBAP 报头,各字段的意义如表 3-5 所示。

表 3-5　MBAP 报头说明

字节	字　段　名		说　　明	客户端	服务器端
0	Transaction Identifier	传输标识	标记某个 Modbus 查询/应答的传输过程,可以设置为 0,也可以设置为每次通信时自动+1	由客户端生成	应答时复制该值
1					
2	Protocol Identifier	协议标识	Modbus 协议=0x00 标记 Modbus 协议,设置为 0x00	由客户端生成	应答时复制该值
3					
4	Length	字节长度 Hi	设置为 0x00,因此后续字节必须在 256 字节以内	由客户端生成	应答时重新生成
5		字节长度 Lo	记录后续字节的个数		
6	Unit Identifier	单元标识符	用来识别从机设备,例如可以设置为从机设备的地址	由客户端生成	应答时复制该值

1. 传输标识

传输标识用于在查询报文与未来响应之间建立联系。因此,对 TCP/IP 连接来说,在同一时刻这个标识符必须是唯一的。有以下几种使用此标识符的方式。

例如,可以将传输标识作为一个带有计数器的简单"TCP 发送顺序号",在每个请求发送时自动+1;也可以用作智能索引或指针,用来识别事务处理的内容,以便记忆当前的远端服务器和未处理的请求。

服务器端可接收的请求数量取决于其容量,即服务器资源量和 TCP 窗口尺寸。同样,客户端同时启动事务处理的数量也取决于客户端的资源容量。

2. 单元标识符

在对 Modbus 或 Modbus+等串行链路子网中的设备进行寻址时,这个域用于路由的目的。在这种情况下,Unit Identifier 携带一个远端设备的 Modbus 从站地址。

如果 Modbus 服务器连接到 Modbus+或 Modbus 串行链路子网,并通过一个网桥或网关配置这个服务器的 IP 地址,则 Modbus 单元标识符对识别连接到网桥或网关后的子网的从站设备是必需的。TCP 连接中的目的 IP 地址识别了网桥本身的地址,而网桥则使用 Modbus 单元标识符将请求转交给正确的从站设备。

分配给串行链路上的 Modbus 从站设备地址为 1~247(十进制),地址 0 作为广播地址。

对单纯的 Modbus TCP/IP 设备来说,利用 IP 地址即可寻址 Modbus 服务器端设备,此时 Modbus 单元标识符是无用的,必须使用值 0xFF 填充。当对直接连接到 TCP/IP 网络上的 Modbus 服务器寻址时,建议不要在"单元标识符"域使用

47

有效的 Modbus 从站地址。

以上是 MBAP 报头各字段含义的详细说明。

实际上,在 Modbus TCP/IP 传输过程中,服务端(从机)返回的响应报文中同样包含 MBAP 报头,除了 Length 字段外,其他字段均与客户端一致。Modbus 消息帧由 TCP/IP 层提供,不需要像串行链路那样自己判断一帧是否结束,所有数据传输均由 TCP/IP 层处理。因为底层的 TCP/IP 确保了端到端的连接,而且 TCP/IP 链路层已确保传输数据的准确性,所以 Modbus TCP/IP 中已不再需要 LRC 或 CRC 等校验功能。

3.6.2　查询与响应报文示例

对于 Modbus TCP 消息帧格式,下面举例说明各部分的含义。

- 查询报文:<u>00 00 00 00 00 06 09 03 00 04 00 01</u>。

  0x06:后续还有 6 字节。

  0x09:单元标识符为 9。

  0x03:功能码 3,即读保持寄存器的值。

  0x00 0x04:Modbus 起始地址 4(即 40005)。

  0x00 0x01:读取寄存器个数为 1。

- 响应报文:<u>00 00 00 00 00 05 09 03 02 00 05</u>。

  0x05:表示后续还有 5 字节。

  0x09:同查询报文,单元标识符。

  0x03:功能码,同查询报文。

  0x02:返回数据字节数。

  0x00 0x05:寄存器的值。

可见,在 Modbus TCP 模式下,差错校验字段已不复存在。但在某些特殊场合,例如串行 Modbus 协议转 Modbus TCP 的情况下,串行协议数据可以完整地装载到 Modbus TCP 的数据字段,这时 CRC 或者 LRC 差错校验字段仍然存在。例如,Modbus RTU Over TCP/IP 或 Modbus ASCII Over TCP/IP 等。

第 4 章

Modbus 功能码详解

Modbus 功能码是 Modbus 消息帧（报文）
的重要组成部分，是 Modbus 协议中通信事务处
理的基础，代表消息将要执行的动作。本章具体
介绍 Modbus 功能码的相关知识。

软件开发实战指南(第2版)

4.1 功能码概要

简而言之,Modbus 功能码占用 1 字节,取值范围是 1～127 。之所以 127 以上不能使用,是因为 Modbus 规定当出现异常时,功能码+0x80(十进制 128)代表异常状态,因此 129(1+128)～255(127+128)的取值代表异常码。

Modbus 标准协议中规定了以下 3 类 Modbus 功能码。

1. 公共功能码

① 被明确定义的功能码;

② 保证唯一性;

③ 由 Modbus 协会确认,并提供公开的文档;

④ 可进行一致性测试;

⑤ 包括协议定义的功能码和保留将来使用的功能码。

2. 用户自定义功能码

① 有两个用户自定义功能码区域,分别是 65～72 和 100～110;

② 用户自定义,无法保证唯一性。

3. 保留功能码

保留功能码因为历史遗留原因,某些公司的传统产品现行使用的功能码不作为公共使用。

下面主要讨论公共功能码。

Modbus 部分功能码如表 4-1 所示。

表 4-1　Modbus 部分功能码

代码	名　　称	寄存器 PLC 地址	位/字操作	操作数量
01	读线圈状态	00001～09999	位操作	单个或多个
02	读离散输入状态	10001～19999	位操作	单个或多个
03	读保持寄存器	40001～49999	字操作	单个或多个
04	读输入寄存器	30001～39999	字操作	单个或多个
05	写单个线圈	00001～09999	位操作	单个
06	写单个保持寄存器	40001～49999	字操作	单个
15	写多个线圈	00001～09999	位操作	多个
16	写多个保持寄存器	40001～49999	字操作	多个

功能码可分为位操作和字操作两类。位操作的最小单位为1位(bit),字操作的最小单位为2字节。

- 位操作指令:读线圈状态功能码01,读(离散)输入状态功能码02,写单个线圈功能码06和写多个线圈功能码15。
- 字操作指令:读保持寄存器功能码03,读输入寄存器功能码04,写单个保持寄存器功能码06,写多个保持寄存器功能码16。

4.2 01(0x01)读取线圈/离散量输出状态

4.2.1 功能说明

01功能码用于读取从设备的线圈或离散量输出的状态,即各DO(Discrete Output,离散输出)的ON/OFF状态。消息帧中指定了需要读取的线圈起始地址和线圈数目。需要注意的是,在Modbus协议规定的PDU中,所有线圈或寄存器地址都必须从0开始计算。

4.2.2 查询报文

如表4-2所示,查询帧的消息中定义了从设备地址为3,并读取从设备的Modbus地址00019~00055(线圈地址00020~00056)共计37个状态值。起始线圈地址为0x13(即十进制00019),因为线圈地址是从0开始计数的。

表4-2 功能码01查询报文示例

字　　段	例(Hex)	ASCII模式 字符型	RTU模式 8位(Hex)
帧头		":"	
从设备地址	0x03	"0","3"	0x03
功能码	0x01	"0","1"	0x01
起始地址(高位)	0x00	"0","0"	0x00
起始地址(低位)	0x13	"1","3"	0x13
寄存器数(高位)	0x00	"0","0"	0x00
寄存器数(低位)	0x25	"2","5"	0x25
差错校验		LRC(2字符)	CRC(2字节)
帧尾		CR/LF	
	合计字节数	17	8

Modbus 协议规定,起始地址由 2 字节构成,取值范围为 0x0000～0xFFFF;线圈数量由 2 字节构成,取值范围为 0x0001～0x07D0(即十进制 1～2000)。

另外,注意观察 ASCII 模式和 RTU 模式的区别,ASCII 模式直接按每 4 位拆分成对应的字符表示。

4.2.3 响应报文

在响应报文的数据字段中,每个线圈占用 1 位(bit),状态被表示为 1＝ON 和 0＝OFF 两种类型。第 1 个数据字节的 LSB(最低有效位)标识查询报文中的起始地址线圈的状态值,其他线圈以此类推,一直到这个字节的 MSB(最高有效位)为止,并在后续字节中按照同样的方式(由低到高)排列。

例如,表 4-3 中线圈 20～27 的状态值分别是 ON－ON－OFF－OFF－ON－OFF－ON－OFF,表示为二进制则为 01010011(0x53),注意观察对应的顺序。1字节可以表示 8 个线圈的状态,如果最后的数据字节中不能填满 8 个线圈的状态,则用 0 填充。对应于查询报文中需要读取 37 个线圈的状态,共需要 5 字节保存状态值。

表 4-3 功能码 01 响应报文例

字　段	例(Hex)	ASCII 模式 字符型	RTU 模式 8 位(Hex)
帧头		":"	
从设备地址	0x03	"0","3"	0x03
功能码	0x01	"0","1"	0x01
数据域字节数	0x05	"0","5"	0x05
数据 1	0x53	"5","3"	0x53
数据 2	0x6B	"6","B"	0x6B
数据 3	0x01	"0","1"	0x01
数据 4	0xF4	"F","4"	0xF4
数据 5	0x1B	"1","B"	0x1B
差错校验		LRC(2 字符)	CRC(2 字节)
帧尾		CR/LF	
合计字节数		21	10

4.2.4　借助工具软件观察和理解

为更加形象地观察和理解功能码的定义,下面通过 Modbus Poll 和 Modbus Slave 等工具软件进一步调试通信消息,按照以下步骤进行操作。

启动 Modbus Slave 软件,如图 4-1 所示。

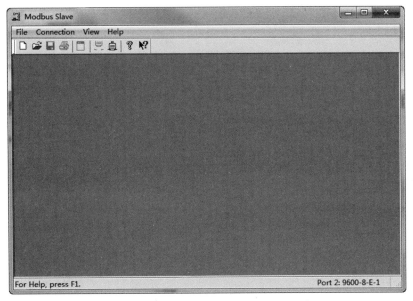

图 4-1　启动 Modbus Slave

首先进行连接设置,选择菜单项【Connection】→【Connect】,然后设置串口各参数,如图 4-2 所示。

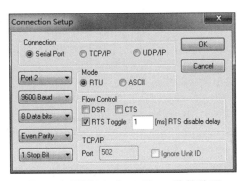

图 4-2　设置 Modbus Slave 连接选项

53

在工具栏上单击【New】按钮,然后在主窗口的空白区域右击,在弹出的菜单中选择【Slave Definition】项,如图 4-3 所示。

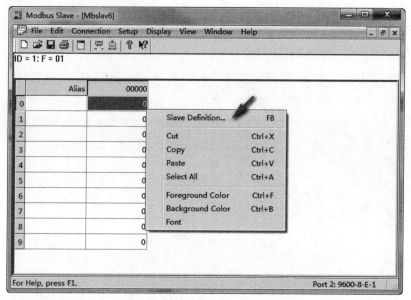

图 4-3　设置 Modbus Slave 从设备

在弹出的设置对话框中,设置从设备寄存器参数,如图 4-4 所示。

图 4-4　设置 Modbus Slave 寄存器参数

设置完毕,单击【OK】按钮,在主画面的线圈地址列表中,按照表 4-4 的值双击单元格并修改地址 19～55 的状态值为 1 或 0,如图 4-5 所示。

表 4-4   线圈寄存器设定值

地址范围	取　　值	字节值
19～26	ON－ON－OFF－OFF－ON－OFF－ON－OFF	0x53
27～34	ON－ON－OFF－ON－OFF－ON－ON－OFF	0x6B
35～42	ON－OFF－OFF－OFF－OFF－OFF－OFF－OFF	0x01
43～50	OFF－OFF－ON－OFF－ON－ON－ON－ON	0xF4
51～55	ON－ON－OFF－ON－ON	0x1B

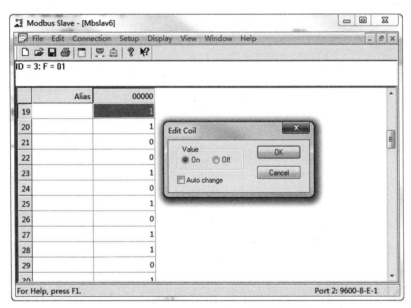

图 4-5   设置 Modbus Slave 寄存器的值

启动 Modbus Poll 软件,如图 4-6 所示。

首先进行 Modbus Poll 的连接设置,选择菜单项【Connection】→【Connect】,然后设置串口参数,如图 4-7 所示。

设置完毕,在 Modbus Poll 工具栏上单击【New】按钮,然后在主窗口的空白区域右击,在弹出的菜单中选择【Read/Write Definition】项,如图 4-8 所示。

在弹出的设置对话框中设置功能码和读写参数,如图 4-9 所示。

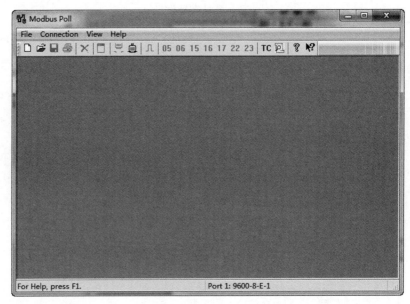

图 4-6　启动 Modbus Poll

图 4-7　设置 Modbus Poll 连接参数

设置完毕后单击【OK】按钮，可以在主窗口自动获取从设备的设置值，如图 4-10 所示。

在 Modbus Poll 主窗口中选择菜单项【Display】→【Communication】，弹出通

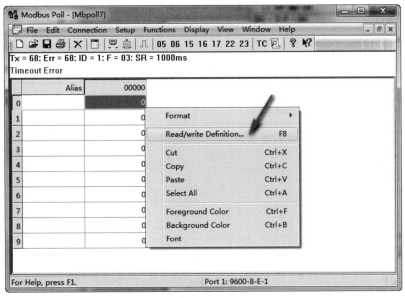

图 4-8 选择 Modbus Poll 读写菜单

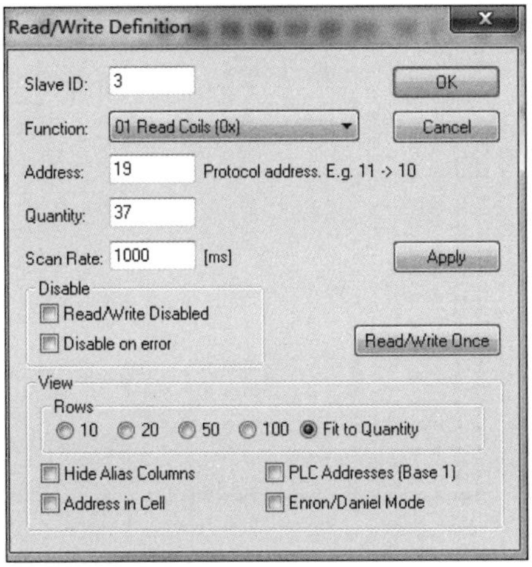

图 4-9 Modbus Poll 读写参数设置

信帧数据记录,如图 4-11 所示,其中 Tx 为查询帧数据,Rx 为响应帧数据。

　　以上方法可以观察和理解 RTU 模式下的通信数据。同样,在 Modbus Slave 和 Modbus Poll 中分别选择 ASCII 模式,可以分别观察和理解 ASCII 模式下的通信帧数据,方法如下。

57

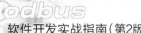

软件开发实战指南（第2版）

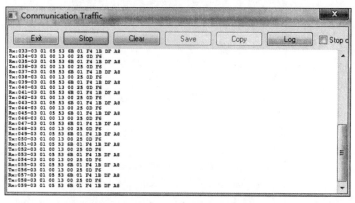

图 4-10　Modbus Poll 读取从设备的值

图 4-11　Modbus Poll 通信数据

在 Modbus Slave 和 Modbus Poll 的主窗口中选择菜单项【Connection】→【Disconnect】，再重新选择【Connect】，在弹出的对话框中分别选中【ASCII】单选按钮，单击【OK】按钮，则切换到 ASCII 模式，如图 4-12 和图 4-13 所示。

同样，选择菜单项【Display】→【Communication】，弹出通信帧数据对话框，可以查看所有的通信帧数据。

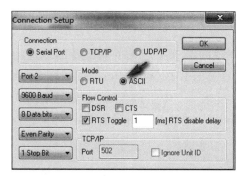

图 4-12　Modbus Slave 切换到 ASCII 模式

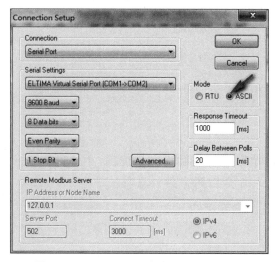

图 4-13　Modbus Poll 切换到 ASCII 模式

4.3　02(0x02)读取离散量输入值

4.3.1　功能说明

02 功能码用于读取从设备的离散输入,即 DI(Discrete Input)的 ON/OFF 状态。消息帧中指定了需要读取的离散输入寄存器的起始地址和数目,可以读取 1~2000 个连续的离散量输入状态。如果从设备接受主设备的请求则回复功能码 02,并返回离散量且输入各变量的当前状态。如果返回的离散输入数量的个数不是 8 的整数倍,将用 0 填充最后的数据字节的剩余位。

4.3.2　查询报文

如表 4-5 所示,查询帧的消息中定义了从设备的地址为 3,并读取从设备的离散输入寄存器中地址 10101～10120(Modbus 地址表示为十进制 100～119)共计 20 个离散输入状态值。从表 4-5 中可以发现,起始地址为 0x64(即十进制 100),因为消息帧 PDU 中的 Modbus 地址从 0 开始计数。

表 4-5　功能码 02 查询报文示例

字　　段	例(Hex)	ASCII 模式 字符型	RTU 模式 8 位(Hex)
帧头		":"	
从设备地址	0x03	"0","3"	0x03
功能码	0x02	"0","2"	0x02
起始地址(高位)	0x00	"0","0"	0x00
起始地址(低位)	0x64	"6","4"	0x64
寄存器数(高位)	0x00	"0","0"	0x00
寄存器数(低位)	0x14	"1","4"	0x14
差错校验		LRC(2 字符)	CRC(2 字节)
帧尾		CR / LF	
合计字节数		17	8

与 4.2 节中的功能码(01(0x01)读取线圈/离散量输出状态(Read Coil Status/DOs))一样,本功能码的起始地址由 2 字节构成,取值范围为 0x0000～0xFFFF;离散量数量由 2 字节构成,取值范围为 0x0001～0x07D0(即十进制 1～2000),最多一次性可读取 2000 个离散输入状态值。

4.3.3　响应报文

响应报文的各项构成和意义与 4.2 节的功能码(01(0x01)读取线圈/离散量输出状态(Read Coil Status/DOs))一样(参见表 4-6 示例)。

表 4-6　功能码 02 响应报文示例

字　　段	例(Hex)	ASCII 模式 字符型	RTU 模式 8 位(Hex)
帧头		"："	
从设备地址	0x03	"0","3"	0x03
功能码	0x02	"0","2"	0x02
数据域字节数	0x03	"0","3"	0x03
数据 1	0x53	"5","3"	0x53
数据 2	0x6B	"6","B"	0x6B
数据 3	0x01	"0","1"	0x01
差错校验		LRC(2 字符)	CRC(2 字节)
帧尾		CR / LF	
	合计字节数	21	10

同样,也可以通过 Modbus Poll 和 Modbus Slave 互相通信,进一步观察和理解,这些留给读者自行完成。

4.4　03(0x03)读取保持寄存器值

4.4.1　功能说明

03 功能码用于读取从设备保持寄存器的内容,不支持广播模式。消息帧中指定了需要读取的保持寄存器的起始地址和数目。而保持寄存器中各地址的具体内容和意义则由设备开发者自行规定。

4.4.2　查询报文

在查询报文中,必须指定保持寄存器的开始地址和需要读取的寄存器数量。例如,如表 4-7 所示,从设备地址为 7(0x07),需要读取保持寄存器地址 40201~40203 共计 3 个寄存器的内容,即读取 Modbus 协议地址 200~202 的内容,在报文中表示如下。

起始地址：0x00C8(十进制 200)。

读取数量：0x0003(十进制 3)。

表 4-7　功能码 03 查询报文示例

字　　段	例(Hex)	ASCII 模式 字符型	RTU 模式 8 位(Hex)
帧头		":"	
从设备地址	0x07	"0","7"	0x07
功能码	0x03	"0","3"	0x03
起始地址(高位)	0x00	"0","0"	0x00
起始地址(低位)	0xC8	"C","8"	0xC8
寄存器数(高位)	0x00	"0","0"	0x00
寄存器数(低位)	0x03	"0","3"	0x03
差错校验		LRC(2 字符)	CRC(2 字节)
帧尾		CR / LF	
	合计字节数	17	8

本功能码的起始地址由 2 字节构成,取值范围为 0x0000~0xFFFF;寄存器数量由 2 字节构成,取值范围为 0x0001~0x007D(即十进制 1~125),即最多可以连续读取 125 个寄存器。

需要特别注意的是,Modbus 的保持寄存器和输入寄存器是以字(Word)为基本单位的(1Word=2Byte),所以如果读取保持寄存器地址为 40001 开始的一个 16 位(bit)的无符号数,那么返回 2 字节,并可以从 40002 开始读取下一个 16 位的无符号数。如果需要读取寄存器地址为 40001 开始的一个 32 位浮点数,则需要返回 4 字节,即必须连续读取 40001 和 40002 的内容,而且下一个 32 位的浮点数必须从 40003 开始读取。对于浮点数(或者 32 位的整数)而言,连续读取的两个寄存器之间存在字节序和大小端的问题,这一点在开发时必须引起注意。

4.4.3　响应报文

响应报文的各项构成和意义如表 4-8 所示。因为 Modbus 的保持寄存器和输入寄存器是以字为基本单位的,在上面的例子中,查询报文连续读取 3 个寄存器的内容,将返回 6 字节,参考表 4-8 中数据 1~3 的高位和低位。

同样,也可以通过 Modbus Poll 和 Modbus Slave 互相通信,进一步观察和理解,这些留给读者自行完成。

表 4-8　功能码 03 响应报文示例

字　　段	例（Hex）	ASCII 模式 字符型	RTU 模式 8 位（Hex）
帧头		"："	
从设备地址	0x07	"0"，"7"	0x07
功能码	0x03	"0"，"3"	0x03
数据域字节数	0x06	"0"，"6"	0x06
数据 1（高位）	0x03	"0"，"3"	0x03
数据 1（低位）	0x53	"5"，"3"	0x53
数据 2（高位）	0x01	"0"，"1"	0x01
数据 2（低位）	0xF3	"F"，"3"	0xF3
数据 3（高位）	0x01	"0"，"1"	0x01
数据 3（低位）	0x05	"0"，"5"	0x05
差错校验		LRC（2 字符）	CRC（2 字节）
帧尾		CR / LF	
	合计字节数	23	11

4.5　04（0x04）读取输入寄存器值

4.5.1　功能说明

与功能码 03 类似，04 功能码用于读取从设备输入寄存器的内容，不支持广播模式。消息帧中指定了需要读取的输入寄存器的起始地址和数目，而输入寄存器中各地址的具体内容和意义则由设备开发者自行规定。

4.5.2　查询报文

在查询报文中必须指定输入寄存器的起始地址和需要读取的寄存器数量。例如，如表 4-9 所示，从设备地址为 7（0x07），需要读取输入寄存器地址 30301～30303 共计 3 个寄存器的内容，即读取 Modbus 协议地址 300～302 的内容，在报文中表示如下。

起始地址：0x012C（十进制 300）。

读取数量：0x0003(十进制 3)。

表 4-9　功能码 04 查询报文示例

字　　段	例(Hex)	ASCII 模式 字符型	RTU 模式 8 位(Hex)
帧头		":"	
从设备地址	0x07	"0","7"	0x07
功能码	0x04	"0","4"	0x04
起始地址(高位)	0x01	"0","1"	0x01
起始地址(低位)	0x2C	"2","C"	0x2C
寄存器数(高位)	0x00	"0","0"	0x00
寄存器数(低位)	0x03	"0","3"	0x03
差错校验		LRC(2 字符)	CRC(2 字节)
帧尾		CR/LF	
合计字节数		17	8

本功能码中,起始地址由 2 字节构成,取值范围为 0x0000～0xFFFF;寄存器数量由 2 字节构成,取值范围为 0x0001～0x007D(即十进制 1～125),即最多可以连续读取 125 个寄存器。

同样有一点需要注意,Modbus 的保持寄存器和输入寄存器是以字为基本单位的。所以对于浮点数(或者 32 位的整数)而言,连续读取的两个寄存器之间存在字节序和大小端的问题,这一点在开发时必须引起注意。

4.5.3　响应报文

响应报文的各项构成和意义如表 4-10 所示。因为 Modbus 的保持寄存器和输入寄存器是以字为基本单位的,上面的例子中,查询报文连续读取 3 个寄存器的内容,那么将返回 6 字节,参考表 4-10 中数据 1～3 的高位和低位。

表 4-10　功能码 04 响应报文示例

字　　段	例(Hex)	ASCII 模式 字符型	RTU 模式 8 位(Hex)
帧头		":"	
从设备地址	0x07	"0","7"	0x07

续表

字 段	例(Hex)	ASCII 模式字符型	RTU 模式 8 位(Hex)
功能码	0x04	"0","4"	0x04
数据域字节数	0x06	"0","6"	0x06
数据 1(高位)	0x03	"0","3"	0x03
数据 1(低位)	0x53	"5","3"	0x53
数据 2(高位)	0x01	"0","1"	0x01
数据 2(低位)	0xF3	"F","3"	0xF3
数据 3(高位)	0x01	"0","1"	0x01
数据 3(低位)	0x05	"0","5"	0x05
差错校验		LRC(2 字符)	CRC(2 字节)
帧尾		CR/LF	
	合计字节数	23	11

4.6　05(0x05)写单个线圈或单个离散输出

4.6.1　功能说明

05 功能码用于将单个线圈寄存器(或离散输入)设置为 ON 或 OFF,该功能码支持广播模式,在广播模式下,所有从站设备的同一地址的值将被统一修改。查询报文中的 ON/OFF 状态由报文数据字段的常数指定,0xFF00 表示 ON 状态,0x0000 表示 OFF 状态。其他值均是非法的,并且对寄存器不起作用,将会返回异常响应。

4.6.2　查询报文

查询报文中需要指定从设备地址以及需要变更的线圈地址和设定的状态值。需要注意的是,在查询报文中,线圈地址从地址 0 开始计数。例如,如表 4-11 所示,从设备地址为 3,设置线圈地址 00150 为 ON 状态,则查询报文中的线圈地址设置为 0x95(149)。

表 4-11　功能码 05 查询报文示例

字　　段	例（Hex）	ASCII 模式 字符型	RTU 模式 8 位（Hex）
帧头		"："	
从设备地址	0x03	"0"，"3"	0x03
功能码	0x05	"0"，"5"	0x05
起始地址（高位）	0x00	"0"，"0"	0x00
起始地址（低位）	0x95	"9"，"5"	0x95
变更数据（高位）	0xFF	"F"，"F"	0xFF
变更数据（低位）	0x00	"0"，"0"	0x00
差错校验		LRC（2 字符）	CRC（2 字节）
帧尾		CR/LF	
	合计字节数	17	8

本功能码中，起始地址由 2 字节构成，取值范围为 0x0000～0xFFFF；变更目标数据由 2 字节构成，取值只能为 0xFF00 或 0x0000。

4.6.3　响应报文

响应报文的各项构成和意义如表 4-12 所示。对于从设备，在线圈或离散输出寄存器正常变更的情况下会返回与查询报文相同的响应报文。如果修改失败，则会返回一个异常响应，对于异常响应，后续章节会进一步详细介绍。

表 4-12　功能码 05 响应报文示例

字　　段	例（Hex）	ASCII 模式 字符型	RTU 模式 8 位（Hex）
帧头		"："	
从设备地址	0x03	"0"，"3"	0x03
功能码	0x05	"0"，"5"	0x05
起始地址（高位）	0x00	"0"，"0"	0x00
起始地址（低位）	0x95	"9"，"5"	0x95
变更数据（高位）	0xFF	"F"，"F"	0xFF
变更数据（低位）	0x00	"0"，"0"	0x00

续表

字　段	例(Hex)	ASCII 模式 字符型	RTU 模式 8 位(Hex)
差错校验		LRC(2 字符)	CRC(2 字节)
帧尾		CR/LF	
	合计字节数	17	8

4.7　06(0x06)写单个保持寄存器

4.7.1　功能说明

06 功能码用于更新从设备的单个保持寄存器的值,该功能码支持广播模式,在广播模式下,所有从设备的同一地址的值将被统一修改。

4.7.2　查询报文

查询报文中需要指定从设备地址以及需要变更的保持寄存器地址和设定的值。需要注意的是,查询报文中,寄存器地址从地址 0 开始计数。例如,如表 4-13 所示,从设备地址为 3,设置寄存器地址 40150 为 1200(即 0x04B0),则查询报文中的地址字段设置为 0x95(149)。

表 4-13　功能码 06 查询报文示例

字　段	例(Hex)	ASCII 模式 字符型	RTU 模式 8 位(Hex)
帧头		":"	
从设备地址	0x03	"0","3"	0x03
功能码	0x06	"0","6"	0x06
起始地址(高位)	0x00	"0","0"	0x00
起始地址(低位)	0x95	"9","5"	0x95
变更数据(高位)	0x04	"0","4"	0x04
变更数据(低位)	0xB0	"B","0"	0xB0
差错校验		LRC(2 字符)	CRC(2 字节)
帧尾		CR/LF	
	合计字节数	17	8

本功能码中,起始地址由 2 字节构成,取值范围为 0x0000～0xFFFF;变更目标数据由 2 字节构成,取值范围为 0x0000～0xFFFF。

4.7.3 响应报文

响应报文的各项构成和意义,如表 4-14 所示。对于从设备,在保持寄存器正常变更的情况下会返回与查询报文相同的响应报文。如果修改失败,则返回一个异常响应。

表 4-14 功能码 06 响应报文示例

字　　段	例（Hex）	ASCII 模式 字符型	RTU 模式 8 位（Hex）
帧头		"："	
从设备地址	0x03	"0"，"3"	0x03
功能码	0x06	"0"，"6"	0x06
起始地址（高位）	0x00	"0"，"0"	0x00
起始地址（低位）	0x95	"9"，"5"	0x95
变更数据（高位）	0x04	"0"，"4"	0x04
变更数据（低位）	0xB0	"B"，"0"	0xB0
差错校验		LRC（2 字符）	CRC（2 字节）
帧尾		CR/LF	
合计字节数		17	8

4.8　08（0x08）诊断功能

4.8.1　功能说明

08 功能码仅用于串行链路,主要用于检测主设备和从设备之间的通信故障,或检测从设备的各种内部故障,该功能码不支持广播。为了区别各诊断类型,查询报文中提供了 2 字节的子功能码字段。

通常在正常的响应报文中,从设备将原样回复功能码和子功能码。

4.8.2　查询报文

查询报文中需要指定从设备地址、功能码以及子功能码。

例如,表 4-15 中标识了子功能码"原样返回查询数据"的诊断功能,其中子功能码为 0(0x0000)。在子功能码为 0x0000 的情况下,数据字段可以为任意值。各子功能码的详细意义可参考表 4-15。

表 4-15　功能码 08 查询报文示例

字　段	例(Hex)	ASCII 模式 字符型	RTU 模式 8 位(Hex)
帧头		":"	
从设备地址	0x05	"0","5"	0x05
功能码	0x08	"0","8"	0x08
子功能码(高位)	0x00	"0","0"	0x00
子功能码(低位)	0x00	"0","0"	0x00
数据(高位)	0x04	"0","4"	0x04
数据(低位)	0xB0	"B","0"	0xB0
差错校验		LRC(2 字符)	CRC(2 字节)
帧尾		CR/LF	
	合计字节数	17	8

本功能码中,子功能码由 2 字节构成,取值则根据意义而不同;数据字段由 2 字节构成,其取值由子功能码确定。

4.8.3　响应报文

响应报文的各项构成和意义如表 4-16 所示。对于从设备,在保持寄存器正常变更的情况下会返回与查询报文相同的响应报文。如果修改失败,则返回一个异常响应。

表 4-16　功能码 08 响应报文示例

字　段	例(Hex)	ASCII 模式 字符型	RTU 模式 8 位(Hex)
帧头		":"	
从设备地址	0x05	"0","5"	0x05
功能码	0x08	"0","8"	0x08
子功能码(高位)	0x00	"0","0"	0x00

续表

字　　段	例(Hex)	ASCII 模式字符型	RTU 模式8 位(Hex)
子功能码(低位)	0x00	"0","0"	0x00
数据(高位)	0x04	"0","4"	0x04
数据(低位)	0xB0	"B","0"	0xB0
差错校验		LRC(2 字符)	CRC(2 字节)
帧尾		CR/LF	
	合计字节数	17	8

4.8.4　诊断子功能码

各常用的诊断子功能码的定义如下。

1. Return Query Data(00)

诊断内容	原样返回查询报文
子功能码	0x00, 0x00
查询报文数据字段	任意 16 位数据
响应报文数据字段	同查询报文

2. Restart Communications Option(01)

诊断内容	重启通信选项; 用于初始化并重新启动从站设备,清除所有通信事件计数器; 如果端口处于 Listen Only Mode,则不返回响应;否则在重启之前返回响应
子功能码	0x00, 0x01
查询报文数据字段	0x00,0x00　　保持事件记录 0xFF,0x00　　清除事件记录
响应报文数据字段	同查询报文

3. Return Diagnostics Register（02）

诊断内容	返回诊断寄存器
子功能码	0x00，0x02
查询报文数据字段	0x00，0x00
响应报文数据字段	诊断寄存器的内容

4. Force Listen Only Mode（04）

诊断内容	强制只听模式； 强制被寻址的从站设备进入只听模式,使得此设备与网络中的其他设备断开,不返回响应
子功能码	0x00，0x04
查询报文数据字段	0x00，0x00
响应报文数据字段	不返回响应

5. Clear Counters and Diagnostic Register（10，0x0A）

诊断内容	清除计数器和诊断寄存器
子功能码	0x00，0x0A
查询报文数据字段	0x00，0x00
响应报文数据字段	同查询报文

6. Return Bus Message Count（11，0x0B）

诊断内容	返回总线报文计数
子功能码	0x00，0x0B
查询报文数据字段	0x00，0x00
响应报文数据字段	返回报文的计数值

7. Return Bus Communication Error Count（12，0x0C）

诊断内容	返回总线通信 CRC 差错计数
子功能码	0x00，0x0C

查询报文数据字段	0x00，0x00
响应报文数据字段	返回报文的 CRC 出错总数

8. Return Bus Exception Error Count（13，0x0D）

诊断内容	返回总线异常差错计数
子功能码	0x00，0x0D
查询报文数据字段	0x00，0x00
响应报文数据字段	返回异常响应的总数

9. Return Slave Message Count（14，0x0E）

诊断内容	返回从站设备报文总数
子功能码	0x00，0x0E
查询报文数据字段	0x00，0x00
响应报文数据字段	返回从站设备接收报文总数

10. Return Slave No Response Count（15，0x0F）

诊断内容	返回从站设备无响应计数
子功能码	0x00，0x0F
查询报文数据字段	0x00，0x00
响应报文数据字段	返回加电后没有返回响应的报文数量

11. Return Slave Busy Count（17，0x11）

诊断内容	返回从站设备忙计数
子功能码	0x00，0x11
查询报文数据字段	0x00，0x00
响应报文数据字段	返回加电后异常响应忙的报文数量

12. Return Bus Character Overrun Count(18,0x12)

诊断内容	返回总线字符超限计数
子功能码	0x00，0x12
查询报文数据字段	0x00，0x00
响应报文数据字段	返回超限的报文数量

4.9 11(0x0B)获取通信事件计数器

4.9.1 功能说明

11功能码主要用于获取从设备通信计数器中的状态字和事件计数的值,本功能码不支持广播模式。通过在通信报文之前和之后读取通信事件计数值,可以确定从设备是否正常处理报文。

对于正常完成报文处理和传输的场合,事件计数器增加1;而对于异常响应、轮询命令或读事件计数器(即0x0B功能码)的场合,则计数器不变。通过【0x08诊断功能】中的子功能码【Restart Communication Option(0x0001)】和【Clear Counters and Diagnostic Register(0x000A)】可以复位事件寄存器。

4.9.2 查询报文

表4-17中的示例表示获取通信事件计数器的查询报文内容,其中从站设备地址为5。

表 4-17 功能码 11 查询报文示例

字　　段	例(Hex)	ASCII 模式 字符型	RTU 模式 8 位(Hex)
帧头		":"	
从设备地址	0x05	"0","5"	0x05
功能码	0x0B	"0","B"	0x0B
差错校验		LRC(2 字符)	CRC(2 字节)
帧尾		CR/LF	
	合计字节数	9	4

4.9.3　响应报文

对于从设备,在正常情况下,响应报文返回2字节的状态字和2字节的事件计数。其中,如果从站设备处于忙状态,那么状态字为0xFFFF,否则状态字为0x0000。在表4-18的示例中,状态字为0x0000,表示从站设备处于空闲状态。事件计数的值为0x03E8,表示记录了1000(0x03E8)个事件。

表 4-18　功能码 11 响应报文示例

字　　段	例(Hex)	ASCII 模式 字符型	RTU 模式 8 位(Hex)
帧头		":"	
从设备地址	0x05	"0","5"	0x05
功能码	0x0B	"0","B"	0x0B
状态字(高位)	0x00	"0","0"	0x00
状态字(低位)	0x00	"0","0"	0x00
事件计数(高位)	0x03	"0","3"	0x03
事件计数(低位)	0xE8	"E","8"	0xB8
差错校验		LRC(2 字符)	CRC(2 字节)
帧尾		CR/LF	
	合计字节数	17	8

4.10　12(0x0C)获取通信事件记录

4.10.1　功能说明

12 功能码主要用于从从设备获取状态字、事件计数、报文计数以及事件字节字段。其中,状态字和事件计数与功能码 11(0x0B)获取的值一致。

报文计数包含加电重启、清除计数器之后的报文数量,报文计数与通过诊断功能码 08(0x08)、子功能码 11(0x0B)获取的值一致。事件字节字段包含 0~64 字节,用来定义各种事件。

4.10.2 查询报文

表 4-19 中的示例表示获取通信事件记录的查询报文内容,其中从站设备地址为 5。

表 4-19 功能码 12 查询报文示例

字　　段	例(Hex)	ASCII 模式 字符型	RTU 模式 8 位(Hex)
帧头		":"	
从设备地址	0x05	"0","5"	0x05
功能码	0x0C	"0","C"	0x0C
差错校验		LRC(2 字符)	CRC(2 字节)
帧尾		CR/LF	
	合计字节数	9	4

4.10.3 响应报文

对于从站设备,在正常情况下,响应报文包括一个 2 字节的状态字字段、一个 2 字节的事件计数字段、一个 2 字节的消息计数字段以及 0~64 字节的事件字段。因为事件字段是变长的,所以增加了一个 1 字节的数据长度字段,以方便读取响应数据,如表 4-20 所示。

表 4-20 功能码 12 响应报文示例

字　　段	例(Hex)	ASCII 模式 字符型	RTU 模式 8 位(Hex)
帧头		":"	
从设备地址	0x05	"0","5"	0x05
功能码	0x0C	"0","C"	0x0C
字节数	0x08	"0","8"	0x08
状态字(高位)	0x00	"0","0"	0x00
状态字(低位)	0x00	"0","0"	0x00
事件计数(高位)	0x03	"0","3"	0x03
事件计数(低位)	0xE8	"E","8"	0xE8

续表

字　　段	例(Hex)	ASCII 模式 字符型	RTU 模式 8 位(Hex)
消息计数(高位)	0x01	"0","1"	0x01
消息计数(低位)	0xF6	"F","6"	0xF6
事件 0	0x20	"2","0"	0x20
事件 1	0x00	"0","0"	0x00
差错校验		LRC(2 字符)	CRC(2 字节)
帧尾		CR/LF	
	合计字节数	17	8

4.11　15(0x0F)写多个线圈

4.11.1　功能说明

15 功能码用于将连续的多个线圈或离散输出设置为 ON/OFF 状态,支持广播模式,在广播模式下,所有从站设备的同一地址的值将被统一修改。15 功能码中,起始地址字段由 2 字节构成,取值范围为 0x0000~0xFFFF;而寄存器数量字段由 2 字节构成,取值范围为 0x0001~0x07B0。

4.11.2　查询报文

查询报文中包含请求数据字段,用于定义 ON 或 OFF 状态。数据字段中为逻辑 1 的位对应 ON;逻辑 0 的位对应 OFF。其中,ON/OFF 与数据字段的对应关系可参考前面的章节"01(0x01)读取线圈/离散量输出状态(Read Coil Status/DOs)"中的内容。

举例说明,假设从站设备地址为 5,需要设置线圈地址 20~30 的状态如表 4-21 所示。

表 4-21　线圈状态

值	1	1	0	1	0	0	0	1	0	0	0	0	0	1	0	1
线圈	27	26	25	24	23	22	21	20	—	—	—	—	—	30	29	28

那么,写入的数据字段被划分为 2 字节,值分别为 0xD1,对应于 27~20 的线

圈;值 0x05 对应于 30～28 的线圈,注意仔细体会其中的高低位的对应关系。需要注意的是,在查询报文中,Modbus 协议的起始地址为 19(0x13),即比线圈起始地址 20 少 1。如表 4-22 所示,其中字节数字段表示需要变更数据的字节总数。

表 4-22 功能码 15 查询报文示例

字　段	例(Hex)	ASCII 模式 字符型	RTU 模式 8 位(Hex)
帧头		":"	
从设备地址	0x05	"0","5"	0x05
功能码	0x0F	"0","F"	0x0F
起始地址(高位)	0x00	"0","0"	0x00
起始地址(低位)	0x13	"1","3"	0x13
寄存器数(高位)	0x00	"0","0"	0x00
寄存器数(低位)	0x0B	"0","B"	0x0B
字节数	0x02	"0","2"	0x02
变更数据(高位)	0xD1	"D","1"	0xD1
变更数据(低位)	0x05	"0","5"	0x05
差错校验		LRC(2 字符)	CRC(2 字节)
帧尾		CR/LF	
	合计字节数	23	11

4.11.3　响应报文

对于从设备,在正常情况下,响应报文包括功能码、起始地址以及写入的线圈数量,如表 4-23 所示。

表 4-23 功能码 15 响应报文示例

字　段	例(Hex)	ASCII 模式 字符型	RTU 模式 8 位(Hex)
帧头		":"	
从设备地址	0x05	"0","5"	0x05
功能码	0x0F	"0","F"	0x0F
起始地址(高位)	0x00	"0","0"	0x00
起始地址(低位)	0x13	"1","3"	0x13

续表

字　段	例(Hex)	ASCII 模式字符型	RTU 模式8 位(Hex)
寄存器数(高位)	0x00	"0","0"	0x00
寄存器数(低位)	0x0B	"0","B"	0x0B
差错校验		LRC(2 字符)	CRC(2 字节)
帧尾		CR/LF	
	合计字节数	17	8

4.12　16(0x10)写多个保持寄存器

4.12.1　功能说明

16 功能码用于设置或写入从设备保持寄存器的多个连续的地址块(1~123个寄存器),支持广播模式,在广播模式下,所有从站设备的同一地址的值将被统一修改。本功能码中,起始地址字段由 2 字节构成,取值范围为 0x0000~0xFFFF;而寄存器数量字段由 2 字节构成,取值范围为 0x0001~0x007B。

4.12.2　查询报文

查询报文包含请求数据字段。数据字段保存需要写入的数值,各数据按每个寄存器 2 字节存放。举例说明,从站设备地址为 5,需要将保持寄存器地址 40020~40022 设置为如表 4-24 所示的数值。

表 4-24　寄存器的设置

寄存器地址	设定值	寄存器地址	设定值
40020	0x0155	40022	0x0157
40021	0x0156		

对应于 40020~40022 的寄存器,注意仔细体会其中的高低位的对应关系。需要注意的是,在查询报文中,Modbus 协议的起始地址为 19(0x13),即比寄存器起始地址 20 少 1。如表 4-25 所示,其中字节数字段表示需要变更数据的字节总数。

表 4-25　功能码 16 查询报文示例

字　　段	例（Hex）	ASCII 模式 字符型	RTU 模式 8 位（Hex）
帧头		":"	
从设备地址	0x05	"0","5"	0x05
功能码	0x10	"1","0"	0x10
起始地址（高位）	0x00	"0","0"	0x00
起始地址（低位）	0x13	"1","3"	0x13
寄存器数（高位）	0x00	"0","0"	0x00
寄存器数（低位）	0x03	"0","3"	0x03
字节数	0x06	"0","6"	0x06
变更数据 1（高位）	0x01	"0","1"	0x01
变更数据 1（低位）	0x55	"5","5"	0x55
变更数据 2（高位）	0x01	"0","1"	0x01
变更数据 2（低位）	0x56	"5","6"	0x56
变更数据 3（高位）	0x01	"0","1"	0x01
变更数据 3（低位）	0x57	"5","7"	0x57
差错校验		LRC（2 字符）	CRC（2 字节）
帧尾		CR/LF	
	合计字节数	31	15

4.12.3　响应报文

对于从设备，在正常情况下，响应报文包括功能码、起始地址及写入的寄存器数量，如表 4-26 所示。

表 4-26　功能码 16 响应报文示例

字　　段	例（Hex）	ASCII 模式 字符型	RTU 模式 8 位（Hex）
帧头		":"	
从设备地址	0x05	"0","5"	0x05
功能码	0x10	"1","0"	0x10

续表

字　　段	例（Hex）	ASCII 模式 字符型	RTU 模式 8 位（Hex）
起始地址（高位）	0x00	"0","0"	0x00
起始地址（低位）	0x13	"1","3"	0x13
寄存器数（高位）	0x00	"0","0"	0x00
寄存器数（低位）	0x03	"0","3"	0x03
差错校验		LRC（2 字符）	CRC（2 字节）
帧尾		CR/LF	
	合计字节数	17	8

在实际开发过程中，功能码"16（0x10）写多个寄存器（Preset Multiple Registers）"通常用于方便用户写入多字节类型的数据。

例如，假设从站设备地址为 5，需要向保持寄存器写入一个 32 位（4 字节）的浮点数，那么此浮点数将占用 2 个寄存器地址。假设浮点数将存放在 40001 和 40002 寄存器中，设定值为 1.235（即 0x3F9E 147A）实际的查询和响应报文如下（其中标记部分为设定的浮点数值，假设字节序为 ABCD，参考第 3 章字节序和大小端的内容）。

查询报文：05 10 00 00 00 02 04 3F 9E 14 7A 05 86。

响应报文：05 10 00 00 00 02 40 4C。

对于 64 位（8 字节）的双精度浮点数，同理将占用 4 个寄存器地址共 8 字节的空间。特别需要注意的是字节序及大小端的问题，前面讨论过多字节存在大小端问题，因此主站设备和从站设备必须保持一致的规则处理，约定 Modbus 传输中的数据字段的字节序，否则会因为大小端不一致而产生数据处理错误。

4.13　17（0x11）报告从站 ID（仅用于串行链路）

4.13.1　功能说明

17 功能码用于读取从站设备的 ID、类型描述、当前状态以及其他信息，不支持广播模式。响应消息的构成依赖于设备而不尽相同。

4.13.2 查询报文

查询报文中不包含请求数据字段。举例说明,从站设备地址为 5,获取相关信息,如表 4-27 所示。

表 4-27 功能码 17 查询报文示例

字　　段	例(Hex)	ASCII 模式字符型	RTU 模式8 位(Hex)
帧头		":"	
从设备地址	0x05	"0","5"	0x05
功能码	0x11	"1","1"	0x11
差错校验		LRC(2 字符)	CRC(2 字节)
帧尾		CR / LF	
合计字节数		9	4

4.13.3 响应报文

对于从设备,在正常情况下,响应报文包括从站 ID、运行状态以及其他附加信息,如表 4-28 所示。运行状态字段占用 1 字节,且 0x00 = OFF,0xFF = ON,而响应报文的组成则由开发者决定。

表 4-28 功能码 17 响应报文示例

字　　段	例(Hex)	ASCII 模式字符型	RTU 模式8 位(Hex)
帧头		":"	
从设备地址	0x05	"0","5"	0x05
功能码	0x11	"1","1"	0x11
字节数	设备相关	设备相关	设备相关
从设备 ID	设备相关	设备相关	设备相关
运行状态	0xFF	"F","F"	0xFF
附加情报 1	设备相关	设备相关	设备相关
…	设备相关	设备相关	设备相关
差错校验		LRC(2 字符)	CRC(2 字节)

续表

字　段	例（Hex）	ASCII 模式 字符型	RTU 模式 8 位（Hex）
帧尾		CR / LF	
	合计字节数	17	8

4.14　Modbus 异常响应

以上介绍了一些常见的公共功能码的报文（消息帧）构成，广播模式以外的查询报文都希望能够获取一个正常的响应报文。在通常情况下，从站设备将返回一个正常响应报文，但是在某些特殊情况下将返回异常响应报文。

对于查询报文，存在以下 4 种处理反馈：

- 正常接收，正常处理，返回正常响应报文；
- 因为通信错误等原因造成从站设备没有接收到查询报文，主站设备将按超时处理；
- 从站设备接收到的查询报文存在通信错误（如 LRC、CRC 错误等），此时从站设备将丢弃报文不响应，主站设备将按超时处理；
- 从站设备接收到正确的报文，但是超过处理范围（如不存在的功能码或者寄存器等），此时从站设备将返回包含异常码（Exception Code）的响应报文。

异常响应报文由从站地址、功能码以及异常码构成。其中，功能码与正常响应报文不同，在异常响应报文中，功能码最高位（即 MSB）被设置为 1。因为 Modbus 协议中的功能码占用 1 字节，故用表达式描述为

$$异常功能码＝正常功能码＋0x80$$

举例说明，如表 4-29 所示，查询报文的起始地址为 0x012C（十进制 300），即需要读取寄存器地址为 30301 开始的值。若从站设备中不存在输入寄存器 30301，则从站设备将返回一个异常响应报文，参见表 4-30 的功能码和异常码。

表 4-29　异常响应示例（功能码 04 查询报文）

字　段	例（Hex）	ASCII 模式 字符型	RTU 模式 8 位（Hex）
帧头		":"	
从设备地址	0x07	"0"，"7"	0x07

续表

字　段	例(Hex)	ASCII 模式 字符型	RTU 模式 8 位(Hex)
功能码	0x04	"0","4"	0x04
起始地址(高位)	0x01	"0","1"	0x01
起始地址(低位)	0x2C	"2","C"	0x2C
寄存器数(高位)	0x00	"0","0"	0x00
寄存器数(低位)	0x03	"0","3"	0x03
差错校验		LRC(2 字符)	CRC(2 字节)
帧尾		CR / LF	
合计字节数		17	8

表 4-30　异常响应示例(功能码 04 响应报文)

字　段	例(Hex)	ASCII 模式 字符型	RTU 模式 8 位(Hex)
帧头		":"	
从设备地址	0x07	"0","7"	0x07
功能码	0x84	"8","4"	0x84
异常码	0x02	"0","2"	0x02
差错校验		LRC(2 字符)	CRC(2 字节)
帧尾		CR / LF	
合计字节数		11	5

常见的异常码如表 4-31 所示。

表 4-31　常见异常码说明

异常码	名　称	说　明
01	非法功能码	从站设备不支持此功能码
02	非法数据地址	指定的数据地址在从站设备中不存在
03	非法数据值	指定的数据超过范围或者不允许使用
04	从站设备故障	从站设备处理响应的过程中出现未知错误等

第 5 章

libmodbus 开发库

Modbus 作为一种常见的工业通信协议几乎被所有设备支持，如果能在软件或者设备中增强 Modbus 通信功能，则无疑对于市场应用来说是很吸引人的卖点。 而对于 Modbus 开发来说，网络上存在相当多的开源库，其中 libmodbus（http://www. libmodbus. org） 和 freemo-dbus（http://www.freemodbus.org）可以说是其中的翘楚，值得开发者认真分析和学习。

5.1　功能概要

古人云:"登高而招,臂非加长也,而见者远;顺风而呼,声非加疾也,而闻者彰。假舆马者,非利足也,而致千里;假舟楫者,非能水也,而绝江河。君子生非异也,善假于物也"。确实,在互联网以及开源项目蓬勃发展的时代,闭门造车已显得非常不合时宜。

libmodbus 是一个免费的跨平台支持 RTU 和 TCP 的 Modbus 库,遵循 LGPL v2.1+协议。libmodbus 支持 Linux、Mac OS X、FreeBSD、QNX 和 Windows 等操作系统。libmodbus 可以向符合 Modbus 协议的设备发送和接收数据,并支持通过串口或者 TCP 网络进行连接。

作为一个开源项目,libmodbus 库还处于开发测试阶段,代码量还不十分庞大,文档和注释也不够全面,本章通过对 libmodbus 源代码的阅读过程,一方面可以进一步理解 Modbus 协议,同时也可以学习一个好的开源项目的代码组织及开发过程。

libmodbus 的官方网站为 http://libmodbus.org/,当前最新版是 v3.1.6,可以从 http://libmodbus.org/download/下载源代码。作为开源软件,还可以从 GitHub 网站获取最新版本的代码。

GitHub: https://github.com/stephane/libmodbus.git

5.2　源码获取与编译

首先访问 libmodbus 库官方 GitHub 网站 https://github.com/stephane/libmodbus,并下载最新版本的源代码。如图 5-1 所示,单击【Clone or download】按钮,再单击【Download ZIP】按钮,即可自动下载最新版本的源代码。

源代码下载完毕,解压下载的 zip 文件,如图 5-2 所示。简单查看源代码根目录的构成。

- doc 目录:libmodbus 库的各 API 接口说明文档。
- m4 目录:存放 GNU m4 文件,在这里对理解代码没有意义,可忽略。
- src 目录:全部 libmodbus 源文件。
- tests 目录:包含自带的测试代码。

其他文件对理解源代码关系不大,可以暂时忽略。

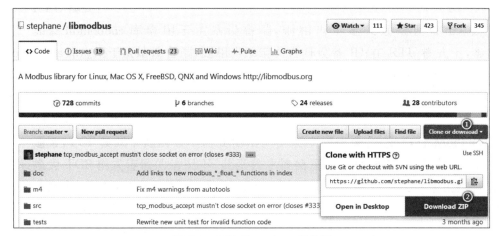

图 5-1 下载 libmodbus 源代码

名称	修改日期	类型	大小
doc	2016/7/19 3:15	文件夹	
m4	2016/7/19 3:15	文件夹	
src	2016/7/19 3:15	文件夹	
tests	2016/7/19 3:15	文件夹	
.dir-locals.el	2016/7/19 3:15	EL 文件	1 KB
.gitignore	2016/7/19 3:15	GITIGNORE 文件	1 KB
.travis.yml	2016/7/19 3:15	YML 文件	1 KB
acinclude.m4	2016/7/19 3:15	M4 文件	2 KB
AUTHORS	2016/7/19 3:15	文件	1 KB
autogen.sh	2016/7/19 3:15	SH 文件	1 KB
configure.ac	2016/7/19 3:15	AC 文件	5 KB
CONTRIBUTING.md	2016/7/19 3:15	MD 文件	2 KB
COPYING.LESSER	2016/7/19 3:15	LESSER 文件	26 KB
ISSUE_TEMPLATE.md	2016/7/19 3:15	MD 文件	1 KB
libmodbus.pc.in	2016/7/19 3:15	IN 文件	1 KB
Makefile.am	2016/7/19 3:15	AM 文件	1 KB
MIGRATION	2016/7/19 3:15	文件	2 KB
NEWS	2016/7/19 3:15	文件	21 KB
README.md	2016/7/19 3:15	MD 文件	4 KB

图 5-2 解压 libmodbus 源代码

进一步展开 src 代码目录,如图 5-3 所示。

- win32:定义在 Windows 下使用 Visual Studio 编译时的项目文件和工程
  文件以及相关配置选项等。其中,modbus-9.sln 默认使用 Visual
  Studio 2008。

- Makefile.am:Makefile.am 是 Linux 下 AutoTool 编译时读取相关编译参
  数的配置文件,用于生成 Makefile 文件,因为用于 Linux 下开发,所以在这

名称	修改日期	类型	大小
win32	2016/7/19 3:15	文件夹	
config.h.win32	2016/7/19 3:15	WIN32 文件	5 KB
configure.js	2016/7/19 3:15	JScript Script 文件	5 KB
Make-tests	2016/7/19 3:15	文件	2 KB
modbus.dll.manifest.in	2016/7/19 3:15	IN 文件	1 KB
modbus.rc	2016/7/19 3:15	Resource Script	2 KB
modbus.vcproj	2016/7/19 3:15	VC++ Project	10 KB
modbus-9.sln	2016/7/19 3:15	Microsoft Visual S...	1 KB
README.win32	2016/7/19 3:15	WIN32 文件	1 KB
Makefile.am	2016/7/19 3:15	AM 文件	1 KB
modbus.c	2016/7/19 3:15	C Source	56 KB
modbus.h	2016/7/19 3:15	C/C++ Header	11 KB
modbus-data.c	2016/7/19 3:15	C Source	6 KB
modbus-private.h	2016/7/19 3:15	C/C++ Header	4 KB
modbus-rtu.c	2016/7/19 3:15	C Source	36 KB
modbus-rtu.h	2016/7/19 3:15	C/C++ Header	2 KB
modbus-rtu-private.h	2016/7/19 3:15	C/C++ Header	2 KB
modbus-tcp.c	2016/7/19 3:15	C Source	22 KB
modbus-tcp.h	2016/7/19 3:15	C/C++ Header	2 KB
modbus-tcp-private.h	2016/7/19 3:15	C/C++ Header	2 KB
modbus-version.h.in	2016/7/19 3:15	IN 文件	3 KB

图 5-3　libmodbus 源代码构成

里暂时忽略。

- modbus.c：核心文件，实现 Modbus 协议层，定义共通的 Modbus 消息发送和接收函数、各功能码对应的函数。
- modbus.h：libmodbus 对外暴露的接口API头文件。
- modbus-data.c：数据处理的共通函数，包括大小端相关的字节、位交换等函数。
- modbus-private.h：libmodbus 内部使用的数据结构和函数定义。
- modbus-rtu.c：通信层实现，RTU 模式相关的函数定义，主要是串口的设置、连接及消息的发送和接收等。
- modbus-rtu.h：RTU 模式对外提供的各API定义。
- modbus-rtu-private.h：RTU 模式的私有定义。
- modbus-tcp.c：通信层实现，TCP 模式下相关的函数定义，主要包括 TCP/IP 网络的设置、连接、消息的发送和接收等。
- modbus-tcp.h：定义 TCP 模式对外提供的各 API 定义。
- modbus-tcp-private.h：TCP 模式的私有定义。
- modbus-version.h.in：版本定义文件。

下面开始尝试在 Visual Studio 2015 中编译 libmodbus 库文件。为了在

Visual Studio 下展开项目,首先双击 configure.js,用来生成 config.h 和 modbus-version.h 文件,然后打开前面已经安装的开发环境 Visual Studio 2015,在 Visual Studio 2015 中打开 modbus-9.sln 文件,弹出项目文件升级对话框,如图 5-4 所示。

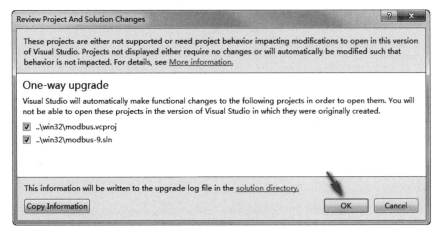

图 5-4 libmodbus 项目文件升级对话框

在图 5-4 中勾选全部可选项,然后单击【OK】按钮,完成项目文件升级。在 Visual Studio 2015 中打开后,源代码展开如图 5-5 所示。

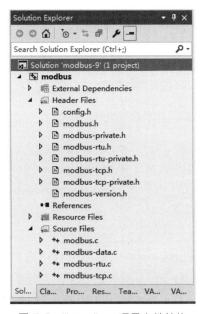

图 5-5 libmodbus 项目文件结构

此时如果直接编译工程文件,则将发生编译错误,原因是其中新生成的文件 modbus-version.h 没有正确加载,在文件上右击选择【Remove】菜单,删除旧文件,同时在目录 Header Files 上右击,在弹出的菜单中依次选择【Add】→【Existing Item】项,重新加载新生成的 modbus-version.h 文件,如图 5-6 所示。

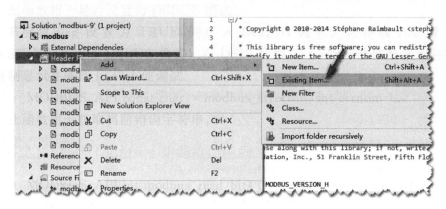

图 5-6　修改或者添加文件

尝试再次编译:在项目名称上右击,在弹出的菜单上选择【Rebuild Solution】菜单项,如图 5-7 所示,libmodbus 库文件开始编译。

图 5-7　编译 libmodus 库文件

编译完成时出现编译错误，如图 5-8 所示。

图 5-8　编译 libmodus 出现错误

为解决这个错误，按 Alt＋F7 组合键弹出项目属性设置对话框，依次找到
【VERSION】项的定义。查看路径为【Configuration Properties】→【Linker】→【All
Options】→【Version】，如图 5-9 所示。

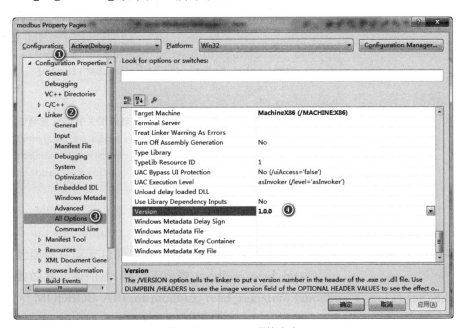

图 5-9　Version 项的定义

找到后直接删除【VERSION】项的定义，再次重新编译库文件。如果一切顺
利，则在 win32 目录下将成功生成 modbus.dll 和 modbus.lib 文件。

在工具栏上将工程文件的目标属性切换到【Release】项，按照上面的方法重新
编译 Release 版，在 win32 目录下同样会成功生成 modbus.dll 和 modbus.lib 文件。

至此,对 libmodbus 库文件的编译工作完成,成功生成的动态链接库可以方便地供其他应用程序调用。

5.3　与应用程序的关系

libmodbus 是一个免费的跨平台支持 RTU 和 TCP 的 Modbus 开发库,借助于 libmodbus 开发库能够非常方便地建立自己的应用程序或者将 Modbus 通信协议嵌入单体设备。

libmodbus 开发库与应用程序的基本关系如图 5-10 所示。

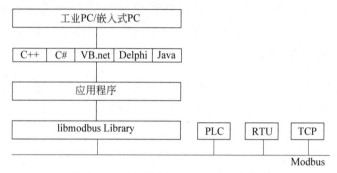

图 5-10　应用程序与 libmodbus 的关系

在对 libmodbus 的接口及代码框架简单了解之后,不妨再深入细节一探究竟,看看 libmodbus 都实现了哪些基础功能,以及源代码中对 Modbus 各功能码和消息帧是如何包装的。具体内容请参看下一章。

第 6 章

libmodbus 源代码
解析

libmodbus 作为一个优秀且免费开源的跨平台支持 RTU 和 TCP 模式的 Modbus 开发库，非常值得大家借鉴和学习。本章对 libmodbus 源代码进行阅读和分析。

6.1　类型与结构定义

首先研究文件 modbus.h、modbus.c 以及 modbus-private.h，特别是文件 modbus.h 定义了各种变量和入口函数接口。

6.1.1　精细类型定义

对于一个跨平台的开发库，首先需要面对的问题是各开发平台中数据类型的定义不统一。另外对于初学者，在程序开发中普遍使用 int 等数据类型表示所有的整数类型，这并不是一个好的开发习惯。根据开发经验，在实际编写代码中，推荐在知道具体字节长度或需要明确具体字节长度时用精细类型取代 int 等基础类型。

libmodbus 开发库在一开始便试图解决这个问题。在文件 modbus.h 开头有如下定义。

```
1  #ifndef _MSC_VER
2  #include <stdint.h>
3  #else
4  #include "stdint.h"
5  #endif
```

Windows 操作系统下早期版本的 Visual Studio 没有定义 stdint.h 文件，需要自己包装；而在操作系统 Solaris 和 OpenVMS 下定义在＜inttypes.h＞中；在 POSIX 类型的操作系统下采用＜stdint.h＞头文件。

使用早期版本的 Visual Studio（如 Visual Studio 2008 及之前的版本）编译 libmodbus 时，因为不存在 stdint.h 文件，所以编译时会出现错误。为解决这个问题，可以通过网站下载第三方编写的 stdint.h 文件，网址为 https://github.com/chemeris/msinttypes。也可以自定义 stdint.h 文件，具体内容如下。

```
1  #ifndef __DEFINE_STDINT_H_INCLUDEDXX__
2  #define __DEFINE_STDINT_H_INCLUDEDXX__
3
4  #ifndef int8_t
5  typedef signed char int8_t ;
6  #endif
7  #ifndef int16_t
```

```
 8   typedef signed short int16_t ;
 9   #endif
10   #ifndef int32_t
11   typedef signed int int32_t ;
12   #endif
13   #ifndef int64_t
14   typedef __int64 int64_t ;
15   #endif
16   #ifndef uint8_t
17   typedef unsigned char uint8_t ;
18   #endif
19   #ifndef uint16_t
20   typedef unsigned short uint16_t ;
21   #endif
22   #ifndef uint32_t
23   typedef unsigned int uint32_t ;
24   #endif
25   #ifndef uint64_t
26   typedef unsigned __int64 uint64_t ;
27   #endif
28
29   //These macros must exactly match those in the Windows SDK's intsafe.h.
30   #define INT8_MIN        (-127i8 -1)
31   #define INT16_MIN       (-32767i16 -1)
32   #define INT32_MIN       (-2147483647i32 -1)
33   #define INT64_MIN       (-9223372036854775807i64 -1)
34   #define INT8_MAX        127i8
35   #define INT16_MAX       32767i16
36   #define INT32_MAX       2147483647i32
37   #define INT64_MAX       9223372036854775807i64
38   #define UINT8_MAX       0xffui8
39   #define UINT16_MAX      0xffffui16
40   #define UINT32_MAX      0xffffffffui32
41   #define UINT64_MAX 0xffffffffffffffffui64
42
43   #endif
```

　　stdint.h 文件明确定义了 int8_t、int16_t、int32_t、int64_t、uint8_t、uint16_t、uint32_t、uint64_t,以便于理解和跨平台使用,并且对各种整型数据的处理非常有意义。

6.1.2 常量定义

在 modbus.h 文件中,通过宏已定义了 libmodbus 库目前支持的所有 Modbus 功能码。

```
1    /* Modbus function codes */
2    #define MODBUS_FC_READ_COILS                    0x01
3    #define MODBUS_FC_READ_DISCRETE_INPUTS          0x02
4    #define MODBUS_FC_READ_HOLDING_REGISTERS        0x03
5    #define MODBUS_FC_READ_INPUT_REGISTERS          0x04
6    #define MODBUS_FC_WRITE_SINGLE_COIL             0x05
7    #define MODBUS_FC_WRITE_SINGLE_REGISTER         0x06
8    #define MODBUS_FC_READ_EXCEPTION_STATUS         0x07
9    #define MODBUS_FC_WRITE_MULTIPLE_COILS          0x0F
10   #define MODBUS_FC_WRITE_MULTIPLE_REGISTERS      0x10
11   #define MODBUS_FC_REPORT_SLAVE_ID               0x11
12   #define MODBUS_FC_MASK_WRITE_REGISTER           0x16
13   #define MODBUS_FC_WRITE_AND_READ_REGISTERS      0x17
```

基本上,对各常用的 Modbus 功能码都提供了支持。

另外,文件 modbus.h 中还定义了各种常量。例如最大可读/可写线圈数量,最大可读/可写寄存器数量,同时定义了各种错误码常量。各错误常量的具体意义可参考下列代码中的注释。

```
1    /* Protocol exceptions */
2    enum
3    {
4        MODBUS_EXCEPTION_ILLEGAL_FUNCTION = 0x01,     //非法的功能码
5        MODBUS_EXCEPTION_ILLEGAL_DATA_ADDRESS,        //非法的数据地址
6        MODBUS_EXCEPTION_ILLEGAL_DATA_VALUE,          //非法数据值
7        MODBUS_EXCEPTION_SLAVE_OR_SERVER_FAILURE,     //从站设备故障
8        MODBUS_EXCEPTION_ACKNOWLEDGE,                 //ACK 异常
9        MODBUS_EXCEPTION_SLAVE_OR_SERVER_BUSY,        //从站设备忙
10       MODBUS_EXCEPTION_NEGATIVE_ACKNOWLEDGE,        //否定应答
11       MODBUS_EXCEPTION_MEMORY_PARITY,               //内存奇偶校验错误
12       MODBUS_EXCEPTION_NOT_DEFINED,                 //未定义
13       MODBUS_EXCEPTION_GATEWAY_PATH,                //网关路径不可用
14       MODBUS_EXCEPTION_GATEWAY_TARGET,              //目标设备未能回应
15       MODBUS_EXCEPTION_MAX
16   };
```

除了上述与 Modbus 协议相关的错误码定义之外,libmodbus 库还定义了如下错误码常量作为补充。

```
1   /* Native libmodbus error codes */
2   #define EMBBADCRC      (EMBXGTAR +1)    //无效的 CRC
3   #define EMBBADDATA     (EMBXGTAR +2)    //无效的数据
4   #define EMBBADEXC      (EMBXGTAR +3)    //无效的异常码
5   #define EMBUNKEXC      (EMBXGTAR +4)    //保留,未使用
6   #define EMBMDATA       (EMBXGTAR +5)    //数据过多
7   #define EMBBADSLAVE    (EMBXGTAR +6)    //响应与查询地址不匹配
```

对于上述错误码,可以进一步参考文件 modbus.c 中的函数 const char *modbus_strerror(int errnum)。

6.1.3 核心结构体定义之一

对于 libmodbus,存在两个核心结构体,分别是 modbus_t 和 modbus_mapping_t。

typedef struct _modbus modbus_t;

在文件 modbus-private.h 中定义了_modbus(即 modbus_t)结构体,各子项的意义如下。

```
1   struct _modbus
2   {
3       /* Slave address */
4       int slave;                      //从站设备地址
5       /* Socket or file descriptor */
6       int s;                          //TCP 模式下为 Socket 套接字;RTU 下为串口句柄
7       int debug;                      //是否启用 Debug 模式
8       int error_recovery;             //错误恢复模式
9       struct timeval response_timeout;    //响应超时设置
10      struct timeval byte_timeout;         //字节超时设置
11      //包含一系列共通函数指针,如消息发送、接收等,适用 TCP、RTU 两种模式
12      const modbus_backend_t * backend;
13      //上面共通部分之外的数据,如 TCP 模式下的特殊配置数据或者 RTU 模式下的特殊配
            置数据
14      void * backend_data;
15  };
```

其中，modbus_backend_t 作为一个重要的结构体包含各种动作函数的处理，定义如下。

```
1  typedef struct _modbus_backend
2  {
3      unsigned int backend_type;
4      unsigned int header_length;
5      unsigned int checksum_length;
6      unsigned int max_adu_length;
7      int (* set_slave) (modbus_t * ctx, int slave);
8      int (* build_request_basis) (modbus_t * ctx, int function, int addr,
9                                   int nb, uint8_t * req);
10     int (* build_response_basis) (sft_t * sft, uint8_t * rsp);
11     int (* prepare_response_tid) (const uint8_t * req, int * req_length);
12     int (* send_msg_pre) (uint8_t * req, int req_length);
13     ssize_t (* send) (modbus_t * ctx, const uint8_t * req, int req_length);
14     int (* receive) (modbus_t * ctx, uint8_t * req);
15     ssize_t (* recv) (modbus_t * ctx, uint8_t * rsp, int rsp_length);
16     int (* check_integrity) (modbus_t * ctx, uint8_t * msg,
                                 const int msg_length);
17     int (* pre_check_confirmation) (modbus_t * ctx, const uint8_t * req,
18                                     const uint8_t * rsp, int rsp_length);
19     int (* connect) (modbus_t * ctx);
20     void (* close) (modbus_t * ctx);
21     int (* flush) (modbus_t * ctx);
22     int (* select)(modbus_t * ctx, fd_set * rset, struct timeval * tv, int msg_length);
23     void (* free) (modbus_t * ctx);
24  } modbus_backend_t;
25
```

其中，各项的意义简要说明如下。

- backend_type：取值包含两种，分别是_MODBUS_BACKEND_TYPE_RTU 和_MODBUS_BACKEND_TYPE_TCP，用于指明处理类型。
- header_length：消息头长度，在 RTU 模式下长度为_MODBUS_RTU_HEADER_LENGTH＝1，即 ADDRESS 字段长度；在 TCP 模式下取值为_MODBUS_TCP_HEADER_LENGTH＝7，即 MBAP 字段长度。
- checksum_length：错误校验字段长度，在 RTU 模式下为_MODBUS_RTU_CHECKSUM_LENGTH＝2；在 TCP 模式下取值为_MODBUS_TCP_CHECKSUM_LENGTH＝0，无错误校验字段。
- max_adu_length：ADU 最大长度。RTU 模式下为 MODBUS_RTU_

MAX_ADU_LENGTH＝256,即 RTU 下 Modbus ADU＝253 bytes＋slave (1 byte)＋CRC (2 bytes)＝256 bytes。

- TCP 模式下为 MODBUS_TCP_MAX_ADU_LENGTH＝260,即 TCP 下 Modbus ADU＝253 bytes＋MBAP (7 bytes)＝260 bytes。

其余各子项均是函数指针,用于定义 Modbus 通信过程中需要的各种具体动作。

- set_slave():功能为设置从站设备地址。
- build_request_basis():功能为构造查询报文的基本通信帧。

在 RTU 模式下,其指向文件 modbus-rtu.c 中的函数 _modbus_rtu_build_request_basis(),从函数中得知,通信帧的基本长度为_MODBUS_RTU_PRESET_REQ_LENGTH＝6 字节;在 TCP 模式下,其指向文件 modbus-tcp.c 中的函数_modbus_tcp_build_request_basis(),从函数中得知,通信帧的基本长度为_MODBUS_TCP_PRESET_REQ_LENGTH＝12 字节。

- build_response_basis():功能为构造响应报文的基本通信帧。

在 RTU 模式下,其指向文件 modbus-rtu.c 中的函数 _modbus_rtu_build_response_basis(),从函数中得知,通信帧的基本长度为 _MODBUS_RTU_PRESET_RSP_LENGTH＝2 字节;在 TCP 模式下,其指向文件 modbus-tcp.c 中的函数_modbus_tcp_build_response_basis(),从函数中得知,通信帧的基本长度为_MODBUS_TCP_PRESET_RSP_LENGTH＝8 字节。

- prepare_response_tid():功能为构造响应报文 TID 参数。

即构造响应报文 MBAP 中的 Transaction Identifier 字段,仅在 TCP 模式下有效。

- send_msg_pre():功能为发送报文前的预处理。

在 RTU 模式下为 CRC 错误校验码的计算;在 TCP 模式下用来设置 MBAP 中 Length 字段的内容。

- send():功能为通过物理层发送报文。

在 RTU 模式下,其指向文件 modbus-rtu.c 中的函数_modbus_rtu_send();在 TCP 模式下,其指向文件 modbus-tcp.c 中的函数_modbus_tcp_send()。

- receive():用于接收报文,较之 send()函数复杂一些。

在 RTU 模式下,其指向文件 modbus-rtu.c 中的函数_modbus_rtu_receive();在 TCP 模式下,其指向文件 modbus-tcp.c 中的函数 _modbus_tcp_receive()。而_modbus_rtu_receive()和_modbus_tcp_receive()这两个函数最终又调用了文件 modbus.c 中的函数_modbus_receive_msg()。_modbus_receive_msg()函数依次

调用 select( )函数和 recv( )函数,用于读取通道数据,最后调用函数 check_integrity( )以检测数据的完整性。

- recv( ):功能为通过物理层读取报文,recv( )函数被 receive( )函数调用。

在 RTU 模式下指向文件 modbus-rtu.c 中的函数 _modbus_rtu_recv( );在 TCP 模式下,指向文件 modbus-tcp.c 中的函数_modbus_tcp_recv( )。

- check_integrity( ):用于数据完整性检查。

在 RTU 模式下指向文件 modbus-rtu.c 中的函数 _modbus_rtu_check_integrity( ),在函数中通过计算 CRC16 的值进行比较,从而判断接收的数据是否完整。在 TCP 模式下指向文件 modbus-tcp.c 中的函数 _modbus_tcp_check_integrity( )。因为在 TCP 模式下不需要进行 CRC 校验,因此直接返回消息长度。

- pre_check_confirmation( ):用于确认响应报文的帧头是否一致。

在 RTU 模式下指向文件 modbus-rtu.c 中的函数 _modbus_rtu_pre_check_confirmation( ),主要确认查询报文和响应报文中的从站地址是否一致。在 TCP 模式下指向文件 modbus-tcp.c 中的函数_modbus_tcp_pre_check_confirmation( )。该函数主要用于确认查询报文和响应报文的 Transaction ID 和 Protocol ID 是否一致。

- connect( ):用于主站设备和从站设备建立连接。

在 RTU 模式下指向文件 modbus-rtu.c 中的函数 _modbus_rtu_connect( ),在函数中通过设置串口参数并打开串口。在 TCP 模式下指向文件 modbus-tcp.c 中的函数_modbus_tcp_connect( )或者_modbus_tcp_pi_connect( )。

需要说明的是,函数_modbus_tcp_pi_connect( )同时支持 IPv4 和 IPv6 两种通信方式,而_modbus_tcp_connect( )仅支持 IPv4 通信方式。函数中的_pi_是 Protocol-Independent 的缩写,意思是与协议无关。在只使用 IPv4 的情况下,建议使用_modbus_tcp_connect( )。

- close( ):用于关闭主站设备与从站设备建立的连接。
- flush( ):内部函数,用于清除发送或接收缓冲区中的数据。

在 RTU 模式下指向文件 modbus-rtu.c 中的函数 _modbus_rtu_flush( );在 TCP 模式下指向文件 modbus-tcp.c 中的函数_modbus_tcp_flush( )。

- select( ):内部函数,用于设置超时并读取通信事件,以检测是否存在待接收的数据。
- free( ):用于释放相关联的内存,防止内存泄漏。

如果以 C++ 语言中类的概念进行类比,则 modbus_t 结构体相当于基类,其提供的函数指针相当于在基类中提供的虚函数;而 RTU 模式和 TCP 模式下对各函数指针的具体实现则相当于派生类对虚函数的具体实现。

6.1.4　核心结构体定义之二

另一个重要的结构体为 modbus_mapping_t，此结构体定义在 modbus.h 文件中，各子项的意义如下。

```
1  typedef struct
2  {
3      int nb_bits;                    //线圈寄存器的数量
4      int start_bits;                 //线圈寄存器的起始地址
5      int nb_input_bits;              //离散输入寄存器的数量
6      int start_input_bits;           //离散输入寄存器的起始地址
7      int nb_input_registers;         //输入寄存器的数量
8      int start_input_registers;      //输入寄存器的起始地址
9      int nb_registers;               //保持寄存器的数量
10     int start_registers;            //保持寄存器的起始地址
11     uint8_t * tab_bits;             //指向线圈寄存器的值
12     uint8_t * tab_input_bits;       //指向离散输入寄存器的值
13     uint16_t * tab_input_registers; //指向输入寄存器的值
14     uint16_t * tab_registers;       //指向保持寄存器的值
15 } modbus_mapping_t;
```

通过结构体 modbus_mapping_t 定义了 Modbus 中的 4 种寄存器，并进行了内存数据映射，以便快速访问和读取各寄存器的值。

与结构体 modbus_mapping_t 关联的函数有：

- modbus_mapping_new_start_address()/modbus_mapping_new()；
- modbus_mapping_free()。

函数 modbus_mapping_new_start_address()与 modbus_mapping_new()的功能一致，即在内存中申请一段连续的空间，用于分别存储 4 个寄存器块的数据。两个函数的唯一区别是：modbus_mapping_new()函数申请的寄存器地址默认从 0 开始计数。

也许你已经发现，因为 C 语言的基本数据类型中不存在 bit 这种类型，所以 modbus_mapping_t 数据结构中使用了 uint8_t 数据类型进行替代；而输入寄存器和保持寄存器则采用了 uint16_t 数据类型进行存储。

函数 modbus_mapping_free()用于在程序结束时主动释放申请的内存，防止内存泄漏。

下面讲一讲数据结构 modbus_mapping_t 的基本用法。

假设从站设备需要准备 4 个寄存器分别存储不同的设备变量,则首先申请内存空间,伪代码示例如下。

```
1   //各寄存器分别申请100个地址单元
2   modbus_mapping_t * mb_mapping;
3   mb_mapping =modbus_mapping_new(100, 100, 100, 100);
4
5   //设置线圈各寄存器的值
6   mb_mapping->tab_bits[0] =0x00;
7   mb_mapping->tab_bits[1] =0x01;
8   mb_mapping->tab_bits[2] =0x01;
9
10  //设置离散输入寄存器的值
11  mb_mapping->tab_input_bits [0] =0x00;
12  mb_mapping->tab_input_bits [1] =0x00;
13  mb_mapping->tab_input_bits [2] =0x01;
14
15  //设置输入寄存器的值
16  mb_mapping->tab_input_registers[0] =2;       //设置地址 0 的值
17  mb_mapping->tab_input_registers[11] =12;     //设置地址 11 的值
18
19  //设置保持寄存器的值
20  mb_mapping->tab_registers [0] =2;            //设置地址 0 的值
21  mb_mapping->tab_registers [8] =12;           //设置地址 8 的值
22
23  …
24
25  //程序结束时需要释放内存
26  modbus_mapping_free(mb_mapping);
```

6.2 常用接口函数

下面分析 libmodbus 开发库提供的所有接口 API 函数,其主要对象文件包括 modbus.h 和 modbus.c,接口函数大致可分为 3 类,下面分别介绍。

6.2.1 各类辅助接口函数

• MODBUS_API int modbus_set_slave(modbus_t * ctx, int slave)。
此函数的功能是设置从站地址,但是由于传输方式不同而意义稍有不同。

RTU 模式：

如果 libmodbus 库应用于主站设备端，则相当于定义远端设备 ID；如果 libmodbus 库应用于从站设备端，则相当于定义自身设备 ID；在 RTU 模式下，参数 slave 的取值范围为 0～247，其中 0（MODBUS_BROADCAST_ADDRESS）为广播地址。

TCP 模式：

通常，TCP 模式下此函数不需要使用。在某些特殊场合，如串行 Modbus 设备转换为 TCP 模式传输的情况下，此函数才被使用。这种情况下，参数 slave 的取值范围为 0～247，0 为广播地址；如果不进行设置，则 TCP 模式下采用默认值 MODBUS_TCP_SLAVE（0xFF）。

下面的代码以 RTU 模式、主设备（MASTER）端为例。

```
1   modbus_t * ctx;
2
3   ctx =modbus_new_rtu("COM4", 115200, 'N', 8, 1);
4   if (ctx ==NULL)
5   {
6       fprintf(stderr, "Unable to create the libmodbus context\n");
7       return -1;
8   }
9
10  rc =modbus_set_slave(ctx, YOUR_DEVICE_ID);
11  if (rc ==-1)
12  {
13      fprintf(stderr, "Invalid slave ID\n");
14      modbus_free(ctx);
15      return -1;
16  }
17
18  if (modbus_connect(ctx) ==-1)
19  {
20      fprintf(stderr, "Connection failed: %s\n", modbus_strerror(errno));
21      modbus_free(ctx);
22      return -1;
23  }
```

- MODBUS_API int modbus_set_error_recovery(modbus_t * ctx, modbus_error_recovery_mode error_recovery)。

此函数用于在连接失败或者传输异常的情况下设置错误恢复模式。有 3 种错误恢复模式可选。

```
1  typedef enum
2  {
3      MODBUS_ERROR_RECOVERY_NONE          = 0,          //不恢复
4      MODBUS_ERROR_RECOVERY_LINK          = (1 << 1),   //链路层恢复
5      MODBUS_ERROR_RECOVERY_PROTOCOL      = (1 << 2)    //协议层恢复
6  } modbus_error_recovery_mode;
```

默认情况下,若设置为 MODBUS_ERROR_RECOVERY_NONE,则由应用程序自身处理错误;若设置为 MODBUS_ERROR_RECOVERY_LINK,则经过一段延时,libmodbus 内部自动尝试进行断开/连接;若设置为 MODBUS_ERROR_RECOVERY_PROTOCOL,则在传输数据 CRC 错误或功能码错误的情况下,传输会进入延时状态,同时数据直接被清除。在 Slave/Server 端,不推荐使用此函数。

基本用法举例:

```
modbus_set_error_recovery(ctx, MODBUS_ERROR_RECOVERY_LINK |
                          MODBUS_ERROR_RECOVERY_PROTOCOL);
```

• MODBUS_API int modbus_set_socket(modbus_t * ctx, int s)。

此函数用来设置当前 socket 或串口句柄,主要用于多客户端连接到单一服务器的场合。简单用法举例如下,后续介绍函数 modbus_tcp_listen()时将进一步介绍相关用法。

```
1  #define NB_CONNECTION 5
2
3  modbus_t * ctx;
4  ctx = modbus_new_tcp("127.0.0.1", 1502);
5  server_socket = modbus_tcp_listen(ctx, NB_CONNECTION);
6
7  FD_ZERO(&rdset);
8  FD_SET(server_socket, &rdset);
9
10 /* * ... * /
11
12 if (FD_ISSET(master_socket, &rdset))
```

```
13  {
14      modbus_set_socket(ctx, master_socket);
15      rc =modbus_receive(ctx, query);
16      if (rc !=-1)
17      {
18          modbus_reply(ctx, query, rc, mb_mapping);
19      }
20  }
```

- MODBUS_API int modbus_get_response_timeout（modbus_t * ctx, uint32_t * to_sec, uint32_t * to_usec）。
- MODBUS_API int modbus_set_response_timeout（modbus_t * ctx, uint32_t to_sec, uint32_t to_usec）。

用于获取或设置响应超时,注意时间单位分别是秒和微秒。

- MODBUS_API int modbus_get_byte_timeout（modbus_t * ctx, uint32_t * to_sec, uint32_t * to_usec）。
- MODBUS_API int modbus_set_byte_timeout（modbus_t * ctx, uint32_t to_sec, uint32_t to_usec）。

用于获取或设置连续字节之间的超时时间,注意时间单位分别是秒和微秒。

- MODBUS_API int modbus_get_header_length（modbus_t * ctx）。

获取报文头长度。

- MODBUS_API int modbus_connect（modbus_t * ctx）。

此函数用于主站设备与从站设备建立连接。

在 RTU 模式下,它实质调用了文件 modbus_rtu.c 中的函数 static int _modbus_rtu_connect（modbus_t * ctx);此函数中进行了串口波特率、校验位、数据位、停止位等的设置。

在 TCP 模式下,modbus_connect() 调用了文件 modbus_tcp.c 中的函数 static int _modbus_tcp_connect（modbus_t * ctx);在函数_modbus_tcp_connect()中,对 TCP/IP 各参数进行了设置和连接。

- MODBUS_API void modbus_close（modbus_t * ctx）。

关闭 Modbus 连接。在应用程序结束之前,一定记得要调用此函数关闭连接。

在 RTU 模式下,实质是调用函数_modbus_rtu_close(modbus_t * ctx)关闭串口句柄;在 TCP 模式下,实质是调用函数_modbus_tcp_close(modbus_t * ctx)关闭 Socket 句柄。

• MODBUS_API void modbus_free (modbus_t * ctx)。

用来释放结构体 modbus_t 占用的内存。在应用程序结束之前,一定记得要调用此函数。

• MODBUS_API int modbus_set_debug (modbus_t * ctx, int flag)。

此函数用于是否设置为 DEBUG 模式。

若参数 flag 设置为 TRUE,则进入 DEBUG 模式。若参数 flag 设置为 FALSE,则切换为非 DEBUG 模式。在 DEBUG 模式下,所有通信数据均将按十六进制显示在屏幕上,以方便调试。

• MODBUS_API const char * modbus_strerror (int errnum)。

此函数用于获取当前错误字符串。

6.2.2 各类 Modbus 功能接口函数

• MODBUS_API int modbus_read_bits (modbus_t * ctx, int addr, int nb, uint8_t * dest)。

此函数对应于功能码 01(0x01)读取线圈/离散量输出状态(Read Coil Status/DOs),其中,读取的值存放于参数 uint8_t * dest 指向的数组空间,因此 dest 指向的空间必须足够大,其大小至少为 nb * sizeof(uint8_t)字节。

用法举例:

```
1   #define SERVER_ID      1
2   #define ADDRESS_START  0
3   #define ADDRESS_END   99
4
5   modbus_t * ctx;
6   uint8_t * tab_rp_bits;
7   int rc;
8   int nb;
9
10  ctx =modbus_new_tcp("127.0.0.1", 502);
11  modbus_set_debug(ctx, TRUE);
12  if (modbus_connect(ctx) ==-1)
13  {
14      fprintf(stderr, "Connection failed: %s\n", modbus_strerror(errno));
15      modbus_free(ctx);
16      return -1;
17  }
18
```

```
19   //申请存储空间并初始化
20   int nb =ADDRESS_END -ADDRESS_START;
21   tab_rp_bits =(uint8_t * ) malloc(nb * sizeof(uint8_t));
22   memset(tab_rp_bits, 0, nb * sizeof(uint8_t));
23
24   //读取一个线圈
25   int addr =1;
26   rc =modbus_read_bits(ctx, addr, 1, tab_rp_bits);
27   if (rc !=1)
28   {
29       printf("ERROR modbus_read_bits single (%d)\n", rc);
30       printf("address =%d\n", addr);
31   }
32
33   //读取多个线圈
34   rc =modbus_read_bits(ctx, addr, nb, tab_rp_bits);
35   if (rc !=nb)
36   {
37       printf("ERROR modbus_read_bits\n");
38       printf("Address =%d, nb =%d\n", addr, nb);
39   }
40
41   //释放空间并关闭连接
42   free(tab_rp_bits);
43   modbus_close(ctx);
44   modbus_free(ctx);
```

- MODBUS_API int modbus_read_input_bits（modbus_t * ctx, int addr, int nb, uint8_t * dest）。

此函数对应于功能码 02(0x02)读取离散量输入值（Read Input Status/DIs），各参数的意义与用法,类似于函数 modbus_read_bits()。

- MODBUS_API int modbus_read_registers（modbus_t * ctx, int addr, int nb, uint16_t * dest）。

此函数对应于功能码 03(0x03)读取保持寄存器（Read Holding Register）,其中,读取的值存放于参数 uint16_t * dest 指向的数组空间,因此 dest 指向的空间必须足够大,其大小至少为 nb * sizeof(uint16_t)字节。

若读取成功后,则返回值为读取的寄存器个数;若读取失败,则返回−1。此函数的调用依赖关系如图 6-1 所示。

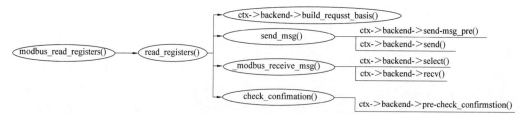

图 6-1　函数 modbus_read_registers( )的调用依赖关系

用法举例：

```
1   modbus_t * ctx;
2   uint16_t tab_reg[64];
3   int rc;
4   int i;
5
6   ctx =modbus_new_tcp("127.0.0.1", 502);
7   if (modbus_connect(ctx) ==-1)
8   {
9       fprintf(stderr, "Connection failed: %s\n", modbus_strerror(errno));
10      modbus_free(ctx);
11      return -1;
12  }
13
14  //从地址 0 开始连续读取 10 个
15  rc =modbus_read_registers(ctx, 0, 10, tab_reg);
16  if (rc ==-1)
17  {
18      fprintf(stderr, "%s\n", modbus_strerror(errno));
19      return -1;
20  }
21
22  for (i =0; i <rc; i++)
23  {
24      printf("reg[%d]=%d (0x%X)\n", i, tab_reg[i], tab_reg[i]);
25  }
26
27  modbus_close(ctx);
28  modbus_free(ctx);
```

- MODBUS_API int modbus_read_input_registers（modbus_t * ctx，int addr，int nb，uint16_t * dest）。

此函数对应于功能码 04（0x04）读取输入寄存器（Read Input Register），各参数的意义与用法类似于函数 modbus_read_registers()。

此函数的调用依赖关系如图 6-2 所示。

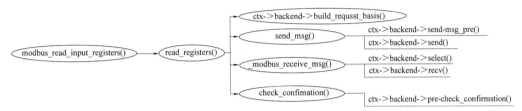

图 6-2　函数 modbus_read_input_registers()的调用依赖关系

- MODBUS_API int modbus_write_bit（modbus_t * ctx，int coil_addr，int status）。

此函数对应于功能码 05（0x05）写单个线圈或单个离散输出（Force Single Coil）。其中，参数 coil_addr 代表线圈地址；参数 status 代表写入值，取值只能是 TRUE(1)或 FALSE(0)。

- MODBUS_API int modbus_write_register（modbus_t * ctx，int reg_addr，int value）。

该函数对应于功能码 06（0x06）写单个保持寄存器（Preset Single Register）。

- MODBUS_API int modbus_write_bits（modbus_t * ctx，int addr，int nb，const uint8_t * data）。

该函数对应于功能码 15（0x0F）写多个线圈（Force Multiple Coil）。

参数 addr 代表寄存器起始地址，参数 nb 表示线圈个数，而参数 const uint8_t * data 表示待写入的数据块。一般情况下，可以使用数组存储写入数据，数组的各元素取值范围只能是 TRUE(1)或 FALSE(0)。

- MODBUS_API int modbus_write_registers（modbus_t * ctx，int addr，int nb，const uint16_t * data）。

该函数对应于功能码 16（0x10）写多个保持寄存器（Preset Multiple Register）。

参数 addr 代表寄存器起始地址，参数 nb 表示寄存器的个数，而参数 const uint16_t * data 表示待写入的数据块。一般情况下，可以使用数组存储写入数据，数组的各元素取值范围是 0～0xFFFF，即数据类型 uint16_t 的取值范围。

- MODBUS_API int modbus_report_slave_id（modbus_t * ctx，int max_ dest，uint8_t ＊dest)。

该函数对应于功能码17(0x11)报告从站 ID。参数 max_dest 代表最大的存储空间,参数 dest 用于存储返回数据。返回数据可以包括从站 ID、状态值(0x00 ＝ OFF 状态,0xFF＝ON 状态)以及其他附加信息,各参数的具体意义由开发者指定。

用法举例:

```
1  uint8_t tab_bytes[MODBUS_MAX_PDU_LENGTH];
2
3  ...
4
5  rc =modbus_report_slave_id(ctx, MODBUS_MAX_PDU_LENGTH, tab_bytes);
6  if (rc >1)
7  {
8      printf("Run Status Indicator: %s\n", tab_bytes[1] ? "ON" : "OFF");
9  }
```

6.2.3 数据处理的相关函数或宏定义

在 libmodbus 开发库中,为方便数据处理,在 modbus.h 文件中定义了一系列数据处理宏。

例如,获取数据的高低字节宏定义如下:

```
1  #define MODBUS_GET_HIGH_BYTE (data) (((data) >>8) & 0xFF)
2  #define MODBUS_GET_LOW_BYTE (data) ((data) & 0xFF)
```

对于浮点数等多字节数据,由于存在字节序与大小端处理等问题,所以辅助定义了一些特殊函数:

```
1   MODBUS_API float modbus_get_float (const uint16_t * src);
2   MODBUS_API float modbus_get_float_abcd (const uint16_t * src);
3   MODBUS_API float modbus_get_float_dcba (const uint16_t * src);
4   MODBUS_API float modbus_get_float_badc (const uint16_t * src);
5   MODBUS_API float modbus_get_float_cdab (const uint16_t * src);
6
7   MODBUS_API void modbus_set_float (float f, uint16_t * dest);
8   MODBUS_API void modbus_set_float_abcd (float f, uint16_t * dest);
9   MODBUS_API void modbus_set_float_dcba (float f, uint16_t * dest);
10  MODBUS_API void modbus_set_float_badc (float f, uint16_t * dest);
11  MODBUS_API void modbus_set_float_cdab (float f, uint16_t * dest);
```

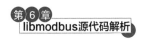

当然,可以参照 float 类型的处理方法继续定义其他多字节类型的数据,例如 int32_t、uint32_t、int64_t、uint64_t 以及 double 类型的读写函数。

6.3 RTU/TCP 关联接口函数

在文件 modbus.h 的最后位置有如下语句:

```
1  #include "modbus-tcp.h"
2  #include "modbus-rtu.h"
```

可以发现,除了 modbus.h 包含的接口函数之外,modbus-rtu.h 和 modbus-tcp.h 也包含必要的接口函数。

6.3.1 RTU 模式关联函数

- MODBUS_API modbus_t * modbus_new_rtu (const char * device, int baud, char parity, int data_bit, int stop_bit)。

此函数的功能是创建一个 RTU 类型的 modbus_t 结构体。参数 const char * device 代表串口字符串,在 Windows 操作系统下,形态如"COMx",需要注意的是,对于串口 1～9,传递"COM1"～"COM9"可以成功,但是如果操作对象为 COM10 及以上的串口,则会出现错误。

产生这种奇怪现象的原因是:微软预定义的标准设备中含有"COM1"～ "COM9"。所以"COM1"～"COM9"作为文件名传递给函数时操作系统会自动将之解析为相应设备。但对于 COM10 及以上的串口,"COM10"之类的文件名系统只视之为一般意义上的文件,而非串行设备。为了增加对 COM10 及以上串口的支持,微软规定:如果要访问这样的设备,则应使用这样的文件名(以 COM10 为例):\\.\COM10 。

所以,使用时在代码中可以如下定义:

const char * device ="\\\\.\\COM10";

在 Linux 操作系统下,可以使用"/dev/ttyS0" 或 "/dev/ttyUSB0"等形式的字符串表示。而参数 int baud 表示串口波特率的设置值,例如 9600、19200、57600、115200 等。

参数 char parity 表示奇偶校验位,取值范围如下。

- 'N':无奇偶校验。

- 'E': 偶校验。
- 'O': 奇校验。

参数 int data_bit 表示数据位的长度,取值范围为 5、6、7、8。

参数 int stop_bit 表示停止位的长度,取值范围为 1 或 2。

用法举例:

```
1    modbus_t * ctx;
2
3    ctx =modbus_new_rtu("\\\\.\\COM10", 115200, 'N', 8, 1);
4    if (ctx ==NULL)
5    {
6        fprintf(stderr, "Unable to create the libmodbus context\n");
7        return -1;
8    }
9
10   modbus_set_slave(ctx, SLAVE_DEVICE_ID);
11
12   if (modbus_connect(ctx) ==-1)
13   {
14       fprintf(stderr, "Connection failed: %s\n", modbus_strerror(errno));
15       modbus_free(ctx);
16       return -1;
17   }
```

- MODBUS_API int modbus_rtu_set_serial_mode(modbus_t * ctx, int mode)。

该函数用于设置串口为 MODBUS_RTU_RS232 或 MODBUS_RTU_RS485 模式,此函数只适用于 Linux 操作系统。

- MODBUS_API int modbus_rtu_set_rts(modbus_t * ctx, int mode)。
- MODBUS_API int modbus_rtu_set_custom_rts(modbus_t * ctx, void (* set_rts)(modbus_t * ctx, int on))。
- MODBUS_API int modbus_rtu_set_rts_delay(modbus_t * ctx, int us)。

以上函数只适用于 Linux 操作系统,RTS 即 Request to Send 的缩写,具体意义可通过网络搜索,一般情况下,此类函数可忽略。

6.3.2 TCP 模式关联函数

- MODBUS_API modbus_t * modbus_new_tcp(const char * ip_address, int port)。

此函数的功能是创建一个 TCP/IPv4 类型的 modbus_t 结构体。

参数 const char ＊ip_address 为 IP 地址，port 表示远端设备的端口号。

- MODBUS_API int modbus_tcp_listen（modbus_t ＊ ctx, int nb_connection）。

此函数的功能是创建并监听一个 TCP/IPv4 上的套接字。

参数 int nb_connection 代表最大监听数量，在调用此函数之前，必须首先调用 modbus_new_tcp()创建 modbus_t 结构体。

- MODBUS_API int modbus_tcp_accept（modbus_t ＊ ctx, int ＊ s）。

此函数的功能是接收一个 TCP/IPv4 类型的连接请求，如果成功，则进入数据接收状态。

关于以上各函数的使用，后续章节中的例子将会具体说明。

6.4 部分内部函数详解

以上介绍了主要接口函数的定义和用法，本节开始从功能码入手分析几个核心内部函数，从而清楚理解其内部运作机理。

6.4.1 函数 read_io_status()

如果分析 Modbus 接口函数 modbus_read_bits()和 modbus_read_input_bits()，则可以发现这两个函数均调用了函数 read_io_status()，如图 6-3 所示。

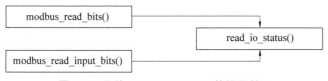

图 6-3 函数 read_io_status( )的调用关系

此函数位于文件 modbus.c 中，函数原型为

```
static int read_io_status(modbus_t * ctx, int function,
                          int addr, int nb, uint8_t * dest)
```

其中，参数 function 的取值范围为 MODBUS ＿ FC ＿ READ ＿ COILS 或 MODBUS_FC_READ_DISCRETE_INPUTS，参数 addr 代表寄存器起始地址，nb 表示需要读取的寄存器数量，dest 表示读取返回值存放的空间指针。

函数的具体内容如下。

```
1    /* Reads IO status */
2    static int read_io_status(modbus_t * ctx, int function,
3                              int addr, int nb, uint8_t * dest)
4    {
5        int rc;
6        int req_length;
7
8        uint8_t req[_MIN_REQ_LENGTH];
9        uint8_t rsp[MAX_MESSAGE_LENGTH];
10
11       req_length=ctx->backend->build_request_basis(ctx,function,addr,nb,req);
12
13       rc =send_msg(ctx, req, req_length);
14       if (rc > 0)
15       {
16           int i, temp, bit;
17           int pos =0;
18           int offset;
19           int offset_end;
20
21           rc = _modbus_receive_msg(ctx, rsp, MSG_CONFIRMATION);
22           if (rc ==-1)
23               return -1;
24
25           rc =check_confirmation(ctx, req, rsp, rc);
26           if (rc ==-1)
27               return -1;
28
29           offset =ctx->backend->header_length +2;
30           offset_end =offset +rc;
31           for (i =offset; i <offset_end; i++)
32           {
33               /* Shift reg hi_byte to temp */
34               temp =rsp[i];
35
36               for (bit =0x01; (bit & 0xff) && (pos <nb);)
37               {
38                   dest[pos++] =(temp & bit) ? TRUE : FALSE;
39                   bit =bit <<1;
40               }
41
42           }
```

```
43        }
44
45        return rc;
46   }
```

其中,代码 req_length=ctx->backend->build_request_basis(ctx,function, addr,nb,req)用于构造查询帧的基础部分,根据 RTU 模式或 TCP 模式分别调用不同的构造函数。

RTU 模式下,调用 _modbus_rtu_build_request_basis()函数(位于文件 modbus-rtu.c 中),代码如下。

```
1    /* Builds a RTU request header */
2    static int _modbus_rtu_build_request_basis(modbus_t * ctx,
3                int function, int addr, int nb, uint8_t * req)
4    {
5        assert(ctx->slave !=-1);
6        req[0] =ctx->slave;              //从设备 ID
7        req[1] =function;                //功能码
8        req[2] =addr >>8;                //地址高位
9        req[3] =addr & 0x00ff;           //地址低位
10       req[4] =nb >>8;                  //数量高位
11       req[5] =nb & 0x00ff;             //数量低位
12
13       return _MODBUS_RTU_PRESET_REQ_LENGTH;
14   }
```

_modbus_rtu_build_request_basis()函数主要用来构造 RTU 模式下的消息头,包括从设备 ID、功能码、寄存器起始地址的高低位、寄存器数量的高低位。

TCP 模式下,调用 _modbus_tcp_build_request_basis()函数(位于文件 modbus-tcp.c 中),代码如下。

```
1    /* Builds a TCP request header */
2    static int _modbus_tcp_build_request_basis(modbus_t * ctx, int function,
3        int addr, int nb, uint8_t * req)
4    {
5        modbus_tcp_t * ctx_tcp =ctx->backend_data;
6
7        /* Increase transaction ID */
8        if (ctx_tcp->t_id <UINT16_MAX)
9            ctx_tcp->t_id++;
```

```
10      else
11          ctx_tcp->t_id = 0;
12      req[0] = ctx_tcp->t_id >> 8;
13      req[1] = ctx_tcp->t_id & 0x00ff;
14
15      /* Protocol Modbus */
16      req[2] = 0;
17      req[3] = 0;
18
19      /* Length will be defined later by set_req_length_tcp at
20      offsets 4 and 5 */
21
22      req[6] = ctx->slave;
23      req[7] = function;
24      req[8] = addr >> 8;
25      req[9] = addr & 0x00ff;
26      req[10] = nb >> 8;
27      req[11] = nb & 0x00ff;
28
29      return _MODBUS_TCP_PRESET_REQ_LENGTH;
30  }
```

_modbus_tcp_build_request_basis()函数主要用来构造 TCP 模式下 MBAP 消息头的内容，参考表 3.5（MBAP 报头说明），包括事物处理标识符、协议标识符（0x00）、单元标识符（即从设备 ID）、功能码、寄存器起始地址的高低位、寄存器数量的高低位。字节 4 和 5 是字节长度，留待后续处理。

在返回函数 read_io_status()中调用函数 send_msg(ctx, req, req_length)将消息帧发送出去。在函数 send_msg()中，首先调用 ctx->backend->send_msg_pre(msg, msg_length)对消息进行预处理。根据 RTU 模式或 TCP 模式分别调用不同的预处理函数。

RTU 模式下，调用_modbus_rtu_send_msg_pre()函数（位于文件 modbus-rtu.c 中），用来计算 CRC 的值，并填入查询消息帧。

```
1  static int _modbus_rtu_send_msg_pre(uint8_t * req, int req_length)
2  {
3      uint16_t crc = crc16(req, req_length);
4      req[req_length++] = crc >> 8;
5      req[req_length++] = crc & 0x00FF;
6
```

```
7        return req_length;
8    }
```

TCP 模式下,调用_modbus_tcp_send_msg_pre()函数(位于文件 modbus-tcp.c 中),计算 MBAP 中字节 4 和 5 的值,并填入查询消息帧。

```
1    static int _modbus_tcp_send_msg_pre(uint8_t * req, int req_length)
2    {
3        /* Substract the header length to the message length */
4        int mbap_length = req_length - 6;
5
6        req[4] = mbap_length >> 8;
7        req[5] = mbap_length & 0x00FF;
8
9        return req_length;
10   }
```

至此,查询报文(消息帧)构造完毕。函数 send_msg(ctx,req,req_length)接下来调用函数 ctx->backend->send(ctx,msg,msg_length)将查询报文发送出去。此函数同样根据 RTU 模式或 TCP 模式分别调用不同的发送处理函数。

在 RTU 模式下,调用_modbus_rtu_send()函数(位于文件 modbus-rtu.c 中),最终调用串口发送系统函数将消息帧发出。Windows 下为 WriteFile()函数,Linux 下为 write()函数。

在 TCP 模式下,调用_modbus_tcp_send()函数(位于文件 modbus-tcp.c 中),最终调用 TCP Socket 系统函数 send()将消息帧发出。

在返回函数 read_io_status()中,函数 send_msg()调用完毕后消息发出,然后开始通过函数_modbus_receive_msg()接收响应报文。如果未接收到消息,则返回;如果接收到响应报文,则开始对响应报文进行检测。

```
rc = _modbus_receive_msg(ctx, rsp, MSG_CONFIRMATION);
```

其中,第 3 个参数取值为 MSG_CONFIRMATION,代表发送查询报文后等待接收响应,当前为主设备端;另一个取值为 MSG_INDICATION,代表正在等待查询报文,此时为从设备端。

在函数_modbus_receive_msg()中,根据 RTU 模式或者 TCP 模式分别调用_modbus_rtu_recv()或_modbus_tcp_recv()接收数据。数据接收完毕后分 3 步对数据进行分析。

① _STEP_FUNCTION：确定功能码。

② _STEP_META：确定功能码附加信息,如寄存器地址、数量等。

③ _STEP_DATA：分析数据域的内容。

函数_modbus_receive_msg()接收完毕后,继续调用函数 check_confirmation (ctx, req, rsp, rc)对消息进行检测。在 RTU 模式下比较从设备地址,进行 CRC 计算并比较;在 TCP 模式下,对 MBAP 部分进行检测。对应的函数分别为 _modbus_rtu_pre_check_confirmation()和_modbus_tcp_pre_check_confirmation()。

函数 read_io_status()对数据完整性检测之后,对接收的字节数据按位进行分解,得到各个寄存器的值。

6.4.2　函数 read_registers()

本节分析 Modbus 接口函数 modbus_read_registers()和 modbus_read_input_ registers(),这两个函数均调用了函数 read_registers(),如图 6-4 所示。

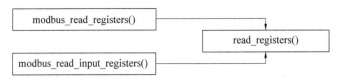

图 6-4　函数 read_registers( )的调用关系

此函数位于文件 modbus.c 中,函数原型为

```
static int read_registers(modbus_t * ctx, int function, int addr, int nb,
                          uint16_t * dest)
```

其中,参数 function 的取值范围为 MODBUS_FC_READ_HOLDING_ REGISTERS 或 MODBUS_FC_READ_INPUT_REGISTERS,参数 addr 代表寄存器起始地址,nb 表示需要读取的寄存器数量,dest 表示读取返回值存放的空间指针。注意与函数 read_io_status()的区别,特别是 dest 的数据类型为 uint16_t *,这是因为每个保持寄存器或输入寄存器均为 16 位。

下面简要分析函数 read_registers()的处理流程,函数的具体内容如下。

```
1   /* Reads the data from a remove device and put that data into an array */
2   static int read_registers(modbus_t * ctx, int function, int addr, int nb,
3                             uint16_t * dest)
4   {
5       int rc;
```

```
6      int req_length;
7      uint8_t req[_MIN_REQ_LENGTH];
8      uint8_t rsp[MAX_MESSAGE_LENGTH];
9
10     if (nb >MODBUS_MAX_READ_REGISTERS)
11     {
12         if (ctx->debug)
13         {
14             fprintf(stderr,
15                     "ERROR Too many registers (%d >%d)\n",
16                     nb, MODBUS_MAX_READ_REGISTERS);
17         }
18         errno =EMBMDATA;
19         return -1;
20     }
21
22     req_length=ctx->backend->build_request_basis(ctx,function,addr,nb,req);
23
24     rc =send_msg(ctx, req, req_length);
25     if (rc >0)
26     {
27         int offset;
28         int i;
29
30         rc =_modbus_receive_msg(ctx, rsp, MSG_CONFIRMATION);
31         if (rc ==-1)
32             return -1;
33
34         rc =check_confirmation(ctx, req, rsp, rc);
35         if (rc ==-1)
36             return -1;
37
38         offset =ctx->backend->header_length;
39
40         for (i =0; i <rc; i++)
41         {
42             /* shift reg hi_byte to temp OR with lo_byte */
43             dest[i] =(rsp[offset +2 +(i <<1)] <<8) |
44                       rsp[offset +3 +(i <<1)];
45         }
46     }
```

```
47
48      return rc;
49  }
```

从结构上来看,函数 read_registers()与 read_io_status()几乎一致。

首先检测读取的寄存器数量是否在允许的范围之内,之后的代码 req_length=ctx->backend->build_request_basis(ctx,function,addr,nb,req)用于构造查询帧的基础部分。根据 RTU 模式或 TCP 模式分别调用不同的构造函数,参考前一节的内容,两者完全一样。

返回函数 read_io_status()中继续调用函数 send_msg(ctx, req, req_length)将消息帧发送出去。在函数 send_msg()中,首先调用 ctx->backend->send_msg_pre(msg, msg_length)对消息进行预处理。根据 RTU 模式或 TCP 模式分别调用不同的预处理函数。

在 RTU 模式下调用_modbus_rtu_send_msg_pre()函数(位于文件 modbus-rtu.c 中),用来计算 CRC 的值,并填入查询消息帧。在 TCP 模式下调用_modbus_tcp_send_msg_pre()函数(位于文件 modbus-tcp.c 中),计算 MBAP 中字节 4 和 5 的值,并填入查询消息帧。这两个函数已经在前一节进行了分析。

至此,查询报文(消息帧)构造完毕。函数 send_msg(ctx, req, req_length)接下来调用函数 ctx->backend->send(ctx, msg, msg_length)将查询报文发送出去。

然后开始通过函数_modbus_receive_msg()接收响应报文。如果未接收到消息,则返回;如果接收到响应报文,则开始对响应报文进行检测。

```
rc = _modbus_receive_msg(ctx, rsp, MSG_CONFIRMATION);
```

其中,第 3 个参数与前一节内容一样,取值为 MSG_CONFIRMATION,代表发送查询报文后等待接收响应,当前为主设备端;另一个取值为 MSG_INDICATION,代表正在等待查询报文,此时为从设备端。

函数_modbus_receive_msg()接收完毕,继续调用函数 check_confirmation(ctx, req, rsp, rc)对进行消息检测。在 RTU 模式下比较从设备地址,进行 CRC 计算并比较;在 TCP 模式下,对 MBAP 部分进行检测。

函数 read_registers()对数据完整性检测之后,对接收的数据进行高低位字节的交换,得到各个寄存器的值。

6.4.3 函数 write_single()

下面分析 Modbus 接口函数 modbus_write_bit()和 modbus_write_register(),可以发现这两个函数均调用了函数 write_single(),如图 6-5 所示。

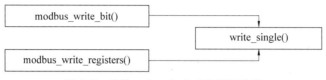

图 6-5 函数 write_single( )的调用关系

此函数位于文件 modbus.c 中,函数原型为

```
static int write_single(modbus_t * ctx, int function, int addr, int value)
```

其中,参数 function 的取值范围为 MODBUS_FC_WRITE_SINGLE_COIL 或 MODBUS_FC_WRITE_SINGLE_REGISTER,参数 addr 代表寄存器地址,参数 value 代表需要写入的值。需要注意的是,这里的数据类型虽然为 int,实际上对于 MODBUS_FC_WRITE_SINGLE_COIL 功能码,其取值为 0xFF00 或者 0x0000;对于 MODBUS_FC_WRITE_SINGLE_REGISTER 功能码,其取值范围为 0x0000~0xFFFF(16 位寄存器)。

下面简要分析函数 write_single()的处理流程,函数的具体内容如下。

```
1   /* Write a value to the specified register of the remote device.
2      Used by write_bit and write_register */
3   static int write_single(modbus_t * ctx, int function, int addr, int value)
4   {
5       int rc;
6       int req_length;
7       uint8_t req[_MIN_REQ_LENGTH];
8
9       if (ctx ==NULL)
10      {
11          errno =EINVAL;
12          return -1;
13      }
14
15      req_length=ctx->backend->build_request_basis(ctx,function,addr,value,req);
16
```

```
17      rc = send_msg(ctx, req, req_length);
18      if (rc > 0)
19      {
20          /* Used by write_bit and write_register */
21          uint8_t rsp[MAX_MESSAGE_LENGTH];
22
23          rc = _modbus_receive_msg(ctx, rsp, MSG_CONFIRMATION);
24          if (rc == -1)
25              return -1;
26
27          rc = check_confirmation(ctx, req, rsp, rc);
28      }
29
30      return rc;
31  }
```

从结构上来看,函数 write_single()与 read_registers()、read_io_status()几乎一致。

首先调用代码 req_length = ctx - > backend - > build_request_basis(ctx, function,addr,nb,req),用于构造查询帧的基础部分。根据 RTU 模式或 TCP 模式分别调用不同的构造函数,参考前两节的内容,两者完全一样。

在函数 write_single()中继续调用函数 send_msg(ctx, req,req_length)将消息帧发送出去。在函数 send_msg()中,首先调用 ctx->backend->send_msg_pre(msg,msg_length)对消息进行预处理,根据 RTU 模式或 TCP 模式分别调用不同的预处理函数。

在 RTU 模式下调用_modbus_rtu_send_msg_pre()函数(位于文件 modbus-rtu.c 中),用来计算 CRC 的值,并填入查询消息帧。在 TCP 模式下调用_modbus_tcp_send_msg_pre()函数(位于文件 modbus-tcp.c 中),计算 MBAP 中字节 4 和 5 的值,并填入查询消息帧。这两个函数已经在前两节进行了分析。

至此,查询报文(消息帧)构造完毕。函数 send_msg(ctx,req,req_length)接下来调用函数 ctx - > backend - > send(ctx, msg, msg_length)将查询报文发送出去。

之后开始通过函数_modbus_receive_msg()接收响应报文,如果未接收到消息,则返回;如果接收到响应报文,则开始对响应报文进行检测。

```
rc = _modbus_receive_msg(ctx, rsp, MSG_CONFIRMATION);
```

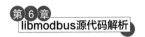

其中,第 3 个参数与前两节的内容一样。

函数_modbus_receive_msg()接收数据完毕后,继续调用函数 check_confirmation(ctx, req, rsp, rc)对消息进行检测。在 RTU 模式下比较从设备地址,进行 CRC 计算并比较;在 TCP 模式下,对 MBAP 部分进行检测。

至此,函数将值写入寄存器的功能结束。

另外,Modbus 接口函数 modbus_write_bits()和 modbus_write_registers()分别为给复数线圈或寄存器写入多个值,其处理流程与 write_single()如出一辙,唯一的区别在于写入前分别对数据按照 Modbus 协议进行了整理,这里不再进一步分析。

6.4.4　函数 modbus_mapping_new_start_address()

当 libmodbus 用于开发从设备(Slave 或 Client 端)时,接口函数 modbus_mapping_new_start_address()与 modbus_mapping_new()创建了 4 个空白内存空间,用于模拟 4 个寄存器。

modbus_mapping_new()仍然调用了 modbus_mapping_new_start_address(),所以分析 modbus_mapping_new_start_address()的内容即可了解。

```
/* Allocates 4 arrays to store bits, input bits, registers and inputs
   registers. The pointers are stored in modbus_mapping structure.

   The modbus_mapping_new_ranges() function shall return the new allocated
   structure if successful. Otherwise it shall return NULL and set errno to
   ENOMEM. */
modbus_mapping_t * __stdcall modbus_mapping_new_start_address(
    unsigned int start_bits, unsigned int nb_bits,
    unsigned int start_input_bits, unsigned int nb_input_bits,
    unsigned int start_registers, unsigned int nb_registers,
    unsigned int start_input_registers, unsigned int nb_input_registers)
{
    modbus_mapping_t * mb_mapping;

    mb_mapping = (modbus_mapping_t * )malloc(sizeof(modbus_mapping_t));
    if (mb_mapping ==NULL)
    {
        return NULL;
    }

```

```
21      /* 0X */
22      mb_mapping->nb_bits =nb_bits;
23      mb_mapping->start_bits =start_bits;
24      if (nb_bits ==0)
25      {
26          mb_mapping->tab_bits =NULL;
27      }
28      else
29      {
30          /* Negative number raises a POSIX error */
31          mb_mapping->tab_bits =
32              (uint8_t *) malloc(nb_bits * sizeof(uint8_t));
33          if (mb_mapping->tab_bits ==NULL)
34          {
35              free(mb_mapping);
36              return NULL;
37          }
38          memset(mb_mapping->tab_bits, 0, nb_bits * sizeof(uint8_t));
39      }
40
41      /* 1X */
42      mb_mapping->nb_input_bits =nb_input_bits;
43      mb_mapping->start_input_bits =start_input_bits;
44      if (nb_input_bits ==0)
45      {
46          mb_mapping->tab_input_bits =NULL;
47      }
48      else
49      {
50          mb_mapping->tab_input_bits =
51              (uint8_t *) malloc(nb_input_bits * sizeof(uint8_t));
52          if (mb_mapping->tab_input_bits ==NULL)
53          {
54              free(mb_mapping->tab_bits);
55              free(mb_mapping);
56              return NULL;
57          }
58          memset(mb_mapping->tab_input_bits,0,nb_input_bits * sizeof(uint8_t));
59      }
60
61      /* 4X */
```

```
62      mb_mapping->nb_registers =nb_registers;
63      mb_mapping->start_registers =start_registers;
64      if (nb_registers ==0)
65      {
66          mb_mapping->tab_registers =NULL;
67      }
68      else
69      {
70          mb_mapping->tab_registers =
71              (uint16_t *) malloc(nb_registers * sizeof(uint16_t));
72          if (mb_mapping->tab_registers ==NULL)
73          {
74              free(mb_mapping->tab_input_bits);
75              free(mb_mapping->tab_bits);
76              free(mb_mapping);
77              return NULL;
78          }
79          memset(mb_mapping->tab_registers,0,nb_registers * sizeof(uint16_t));
80      }
81
82      /* 3X */
83      mb_mapping->nb_input_registers =nb_input_registers;
84      mb_mapping->start_input_registers =start_input_registers;
85      if (nb_input_registers ==0)
86      {
87          mb_mapping->tab_input_registers =NULL;
88      }
89      else
90      {
91          mb_mapping->tab_input_registers =
92              (uint16_t *) malloc(nb_input_registers * sizeof(uint16_t));
93          if (mb_mapping->tab_input_registers ==NULL)
94          {
95              free(mb_mapping->tab_registers);
96              free(mb_mapping->tab_input_bits);
97              free(mb_mapping->tab_bits);
98              free(mb_mapping);
99              return NULL;
100         }
101         memset(mb_mapping->tab_input_registers, 0,
102             nb_input_registers * sizeof(uint16_t));
```

```
103        }
104
105        return mb_mapping;
106 }
```

该函数看起来比较复杂,其实主要分成 4 个部分,每个部分分别通过 malloc()
函数申请连续的内存空间,然后通过函数 memset()将申请的内存初始化为 0x00,
具体的使用方法可参考以上代码。

6.5 开发应用程序基本流程

Modbus 结合 libmodbus 开发库可以自由开发主设备端或从设备端的应用程
序,并且支持 RTU 和 TCP 这两种最常用的模式。

开发主设备端(Master 或 Client)程序的基本流程如图 6-6 所示。

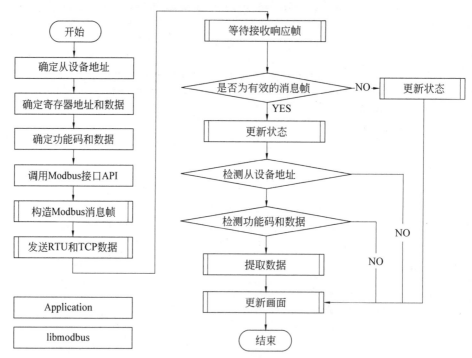

图 6-6 开发主设备端程序的基本流程

开发从设备端(Slave 或 Server)程序的基本流程如图 6-7 所示。

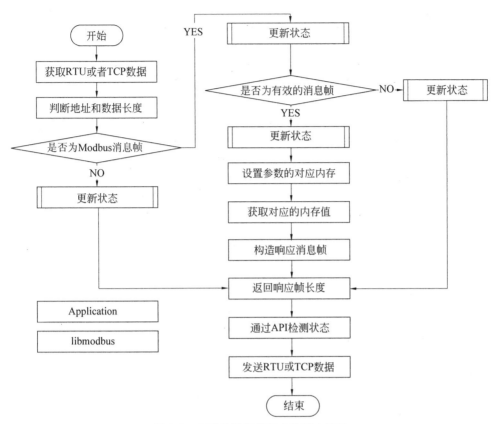

图 6-7 开发从设备端程序的基本流程

第 7 章

完整 RTU 模式
开发范例

前面的章节对 libmodbus 开发库进行了源代码分析和讲解。 本章具体介绍 libmodbus 的用法，并使用 Visual Studio 2015 完成一个 RTU 模式下的范例程序。

7.1 开发 RTU Master 端

7.1.1 新建工程

前面的章节已经在计算机上安装了虚拟串口软件 Visual Serial Port Driver，如图 7-1 所示，假设 COM3 和 COM4 组成一对互通的串口组。下面借助 libmodbus 开发库分别演示如何开发 Master 端和 Slave 端的应用程序。

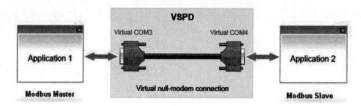

图 7-1　虚拟串口互联示意

首先启动 Visual Studio 2015，选择菜单项【File】→【New】→【Project】，创建一个新的工程项目，如图 7-2 所示。

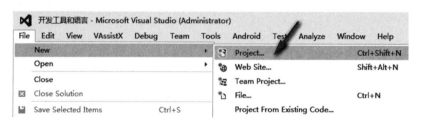

图 7-2　新建工程项目

在弹出的新建对话框中选择【Visual C++】→【Win32 Console Application】项，输入应用程序名 TestRtuMaster，并选择项目存储的目录位置，设置完毕后单击【OK】按钮，如图 7-3 所示。

如图 7-4 所示，在接下来的对话框中分别选择【Console application】【Empty project】项，取消选择【Security Development Lifecycle（SDL）checks】项，单击【Finish】按钮，此时将创建一个空的控制台工程项目。

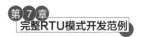

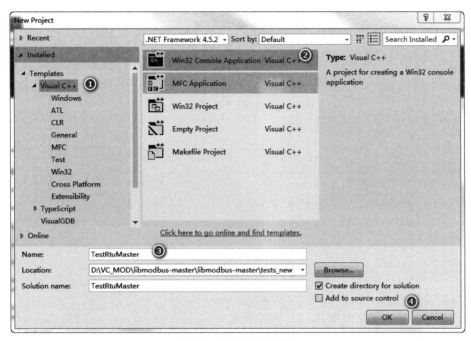

图 7-3　输入工程项目名

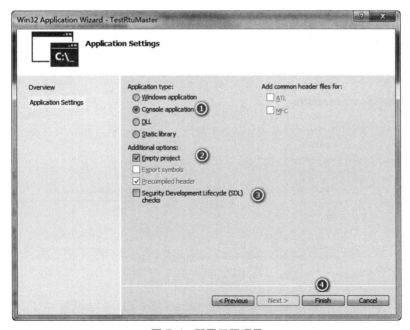

图 7-4　配置工程项目

131

7.1.2　添加开发库

创建新的工程项目后，切换到资源管理器画面，找到前面章节编译的
libmodbus 开发库文件，将 libmodbus 开发库项目生成的 lib 和 dll 文件以及必需
的头文件复制到新项目所在的目录，如图 7-5 所示。

名称	修改日期
modbus.dll	2016/8/8 15:24
modbus.h	2016/7/19 3:15
modbus.lib	2016/8/8 15:24
modbus-rtu.h	2016/7/19 3:15
modbus-tcp.h	2016/7/19 3:15
modbus-version.h	2016/8/8 14:46
TestRtuMaster.vcxproj	2016/8/25 14:23
TestRtuMaster.vcxproj.filters	2016/8/25 14:23

图 7-5　复制 libmodbus 库文件

复制库文件后，切换到 Visual Studio 2015 主界面。在项目【Source Files】上
右击，选择菜单项【Add】→【Existing Item】，如图 7-6 所示。

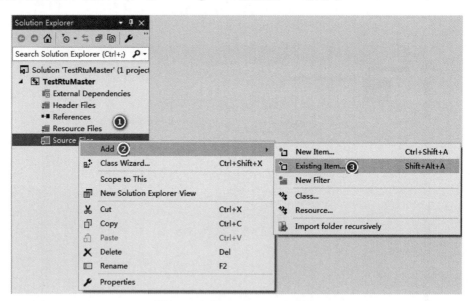

图 7-6　添加 libmodbus 库文件

如图 7-7 所示，在弹出的选择对话框中，按住 Ctrl 键分别选中 modbus.h 和
modbus.lib 文件，单击【Add】按钮将其添加到工程项目。

图 7-7 添加 libmodbus 头文件和导入库

添加完毕,至此就可以在自己的应用程序中使用 libmodbus 提供的各种接口函数了。

7.1.3 添加应用源代码

下面添加 cpp 的主文件。切换到 Visual Studio 2015 主界面,然后在项目列表框的【Source Files】项上右击,选择菜单项【Add】→【New Item】,在弹出的对话框中输入文件名 TestRtuMaster.cpp,单击【Add】按钮完成添加,如图 7-8 所示。

在新文件中输入以下代码。

```
1  #include <stdio.h>
2  #ifndef _MSC_VER
3  #include <unistd.h>
4  #endif
5  #include <string.h>
6  #include <stdlib.h>
7  #include <errno.h>
8
9  #include "modbus.h"                    //引用 libmodbus 库
10
```

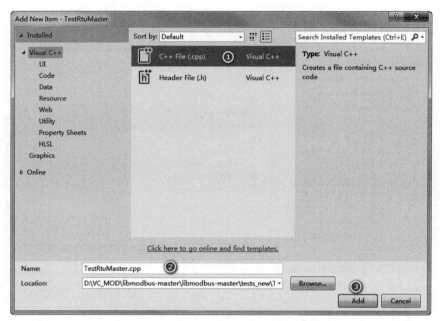

图 7-8　添加新文件

```
11   /* The goal of this program is to check all major functions of
12   libmodbus:
13   - write_coil
14   - read_bits
15   - write_coils
16   - write_register
17   - read_registers
18   - write_registers
19   - read_registers
20
21   All these functions are called with random values on a address
22   range defined by the following defines.
23   */
24   #define LOOP              1 //循环次数
25   #define SERVER_ID        17 //从端设备地址
26   #define ADDRESS_START     0 //测试寄存器起始地址
27   #define ADDRESS_END      99 //测试寄存器结束地址
28
29   /* At each loop, the program works in the range ADDRESS_START to
30    * ADDRESS_END then ADDRESS_START +1 to ADDRESS_END and so on.
```

```
31  */
32  int main(void)
33  {
34      modbus_t * ctx;
35      int rc;
36      int nb_fail;
37      int nb_loop;
38      int addr;
39      int nb;
40      uint8_t * tab_rq_bits;    //用于保存发送或接收的数据(下同)
41      uint8_t * tab_rp_bits;
42      uint16_t * tab_rq_registers;
43      uint16_t * tab_rw_rq_registers;
44      uint16_t * tab_rp_registers;
45
46      /* RTU */
47      ctx =modbus_new_rtu("COM3", 19200, 'N', 8, 1);    //创建一个RTU类型的容器
48      modbus_set_slave(ctx, SERVER_ID);                 //设置从端地址
49
50      modbus_set_debug(ctx, TRUE);                      //设置debug模式
51
52      if (modbus_connect(ctx) ==-1)                     //RTU模式下表示打开串口
53      {
54          fprintf(stderr, "Connection failed: %s\n",
55              modbus_strerror(errno));
56          modbus_free(ctx);
57          return -1;
58      }
59
60  /* Allocate and initialize the different memory spaces */
61  nb =ADDRESS_END -ADDRESS_START;                       //计算需要测试的寄存器个数
62
63  //以下申请内存块用来保存发送和接收各数据
64  tab_rq_bits =(uint8_t *)malloc(nb * sizeof(uint8_t));
65  memset(tab_rq_bits, 0, nb * sizeof(uint8_t));
66
67  tab_rp_bits =(uint8_t *)malloc(nb * sizeof(uint8_t));
68  memset(tab_rp_bits, 0, nb * sizeof(uint8_t));
69
70  tab_rq_registers =(uint16_t *)malloc(nb * sizeof(uint16_t));
71  memset(tab_rq_registers, 0, nb * sizeof(uint16_t));
```

```
72
73  tab_rp_registers = (uint16_t *)malloc(nb * sizeof(uint16_t));
74  memset(tab_rp_registers, 0, nb * sizeof(uint16_t));
75
76  tab_rw_rq_registers = (uint16_t *)malloc(nb * sizeof(uint16_t));
77  memset(tab_rw_rq_registers, 0, nb * sizeof(uint16_t));
78
79      nb_loop = nb_fail = 0;
80      while (nb_loop++ < LOOP)
81      {
82          //从起始地址开始顺序测试
83          for (addr = ADDRESS_START; addr < ADDRESS_END; addr++)
84          {
85              int i;
86
87              //生成随机数,用于测试
88              for (i = 0; i < nb; i++)
89              {
90                  tab_rq_registers[i] =
91                      (uint16_t)(65535.0 * rand() / (RAND_MAX + 1.0));
92                  tab_rw_rq_registers[i] = ~ tab_rq_registers[i];
93                  tab_rq_bits[i] = tab_rq_registers[i] % 2;
94              }
95          nb = ADDRESS_END - addr;
96
97          /* 测试线圈寄存器的单个读写 */
98          rc = modbus_write_bit(ctx, addr, tab_rq_bits[0]);        //写线圈寄存器
99          if (rc != 1)
100         {
101             printf("ERROR modbus_write_bit (%d) \n", rc);
102             printf("Address = %d, value = %d\n", addr, tab_rq_bits[0]);
103             nb_fail++;
104         }
105         else
106         {
107             //写入之后,再读取并比较
108             rc = modbus_read_bits(ctx, addr, 1, tab_rp_bits);
109             if (rc != 1 || tab_rq_bits[0] != tab_rp_bits[0])
110             {
111                 printf("ERROR modbus_read_bits single (%d) \n", rc);
112                 printf("address = %d\n", addr);
```

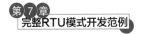

```
113              nb_fail++;
114          }
115      }
116
117      /*测试线圈寄存器的批量读写*/
118      rc =modbus_write_bits(ctx, addr, nb, tab_rq_bits);
119      if (rc !=nb)
120      {
121          printf("ERROR modbus_write_bits (%d)\n", rc);
122          printf("Address =%d, nb =%d\n", addr, nb);
123          nb_fail++;
124      }
125      else
126      {
127          //写入之后,再读取并比较
128          rc =modbus_read_bits(ctx, addr, nb, tab_rp_bits);
129          if (rc !=nb)
130          {
131              printf("ERROR modbus_read_bits\n");
132              printf("Address =%d, nb =%d\n", addr, nb);
133              nb_fail++;
134          }
135          else
136          {
137              //进行比较
138              for (i =0; i <nb; i++)
139              {
140                  if (tab_rp_bits[i] !=tab_rq_bits[i])
141                  {
142                      printf("ERROR modbus_read_bits\n");
143                      printf("Addr=%d, Val=%d (0x%X) !=%d (0x%X)\n",
144                              addr, tab_rq_bits[i], tab_rq_bits[i],
145                              tab_rp_bits[i], tab_rp_bits[i]);
146                      nb_fail++;
147                  }
148              }
149          }
150      }
151
152      /*测试保持寄存器的单个读写*/
153      rc =modbus_write_register(ctx, addr, tab_rq_registers[0]);
```

```
154        if (rc !=1)
155        {
156            printf("ERROR modbus_write_register (%d)\n", rc);
157            printf("Address =%d, Val =%d (0x%X)\n",
158                addr, tab_rq_registers[0], tab_rq_registers[0]);
159            nb_fail++;
160        }
161        else
162        {
163            //写入后进行读取
164            rc =modbus_read_registers(ctx, addr, 1, tab_rp_registers);
165            if (rc !=1)
166            {
167                printf("ERROR modbus_read_registers (%d)\n", rc);
168                printf("Address =%d\n", addr);
169                nb_fail++;
170            }
171            else
172            {
173                //读取后进行比较
174                if (tab_rq_registers[0] !=tab_rp_registers[0])
175                {
176                    printf("ERROR modbus_read_registers\n");
177                    printf("Address=%d, Val=%d (0x%X) !=%d (0x%X)\n",
178                        addr, tab_rq_registers[0], tab_rq_registers[0],
179                        tab_rp_registers[0], tab_rp_registers[0]);
180                    nb_fail++;
181                }
182            }
183        }
184
185        /* 测试线圈寄存器的批量读写 */
186        rc =modbus_write_registers(ctx, addr, nb, tab_rq_registers);
187        if (rc !=nb)
188        {
189            printf("ERROR modbus_write_registers (%d)\n", rc);
190            printf("Address =%d, nb =%d\n", addr, nb);
191            nb_fail++;
192        }
193        else
194        {
```

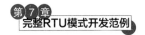

```
195        //进行读取测试
196        rc =modbus_read_registers(ctx, addr, nb, tab_rp_registers);
197        if (rc !=nb)
198        {
199            printf("ERROR modbus_read_registers (%d) \n", rc);
200            printf("Address =%d, nb =%d\n", addr, nb);
201            nb_fail++;
202        }
203        else
204        {
205            for (i =0; i <nb; i++)
206            {
207                if (tab_rq_registers[i] !=tab_rp_registers[i])
208                {
209                    printf("ERROR modbus_read_registers\n");
210                    printf("Address =%d, value %d (0x%X) !=%d (0x%X) \n",
211                            addr, tab_rq_registers[i], tab_rq_registers[i],
212                            tab_rp_registers[i], tab_rp_registers[i]);
213                    nb_fail++;
214                }
215            }
216        }
217    }
218    /* 功能码 23(0x17)读写多个寄存器的测试 */
219    rc =modbus_write_and_read_registers(ctx,
220                addr, nb, tab_rw_rq_registers,
221                addr, nb, tab_rp_registers);
222    if (rc !=nb)
223    {
224        printf("ERROR modbus_read_and_write_registers (%d) \n", rc);
225        printf("Address =%d, nb =%d\n", addr, nb);
226        nb_fail++;
227    }
228    else
229    {
230        //读取并比较
231        for (i =0; i <nb; i++)
232        {
233            if (tab_rp_registers[i] !=tab_rw_rq_registers[i])
234            {
235                printf("ERROR modbus_read_and_write_registers READ\n");
```

```
236                    printf("Address =%d, value %d (0x%X) !=%d (0x%X)\n",
237                         addr, tab_rp_registers[i], tab_rw_rq_registers[i],
238                         tab_rp_registers[i], tab_rw_rq_registers[i]);
239                    nb_fail++;
240                }
241            }
242
243            rc =modbus_read_registers(ctx, addr, nb, tab_rp_registers);
244            if (rc !=nb)
245            {
246                printf("ERROR modbus_read_registers (%d)\n", rc);
247                printf("Address =%d, nb =%d\n", addr, nb);
248                nb_fail++;
249            }
250            else
251            {
252                for (i =0; i <nb; i++)
253                {
254                    if (tab_rw_rq_registers[i] !=tab_rp_registers[i])
255                    {
256                        printf("ERROR modbus_read_and_write_registers\n");
257                        printf("Address=%d, Val %d (0x%X) !=%d (0x%X)\n",
258                         addr, tab_rw_rq_registers[i], tab_rw_rq_registers[i],
259                         tab_rp_registers[i], tab_rp_registers[i]);
260                        nb_fail++;
261                    }
262                }
263            }
264        }
265    }
266
267    printf("Test: ");
268    if (nb_fail)
269        printf("%d FAILS\n", nb_fail);
270    else
271        printf("SUCCESS\n");
272    }
273
274    /* Free the memory */
275    free(tab_rq_bits);
276    free(tab_rp_bits);
```

```
277    free(tab_rq_registers);
278    free(tab_rp_registers);
279    free(tab_rw_rq_registers);
280
281    /* Close the connection */
282    modbus_close(ctx);
283    modbus_free(ctx);
284
285    return 0;
286 }
```

代码添加完毕,编译之后,运行通过。

7.1.4 代码调试

为测试通信是否正常,使用 Modbus Slave 模拟从端设备进行通信。

启动 Modbus Slave,关闭所有已打开的子窗口,然后选择菜单项【Connection】
→【Connect】,在弹出的对话框中设置连接参数,如图 7-9 所示。

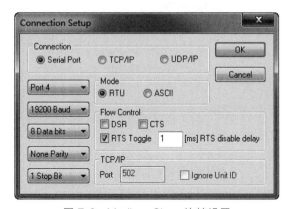

图 7-9　Modbus Slave 连接设置

选择正确的串口号并设置波特率、数据位、停止位等基本参数。其中,波特率、数据位、校验位、停止位等需要与代码中的一致,才能保证串口通信正确。

连接设置完毕,关闭设置对话框。在主窗口中选择菜单项【File】→【New】,在新建的子窗口中右击,选择【Slave Definition】项,如图 7-10 所示。

在寄存器设置对话框中,分别设置 Slave ID 为 17,【Function】选择【01 Coil Status】,【Address】与【Quantity】分别设置,如图 7-11 所示。

设置完毕,单击【OK】按钮回到主窗口,将寄存器子窗口调整到合适的大小。

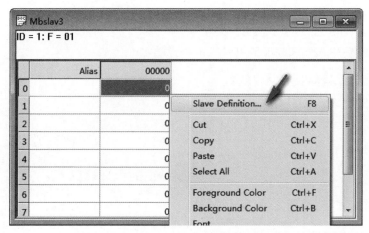

图 7-10　Modbus Slave 主窗口快捷菜单

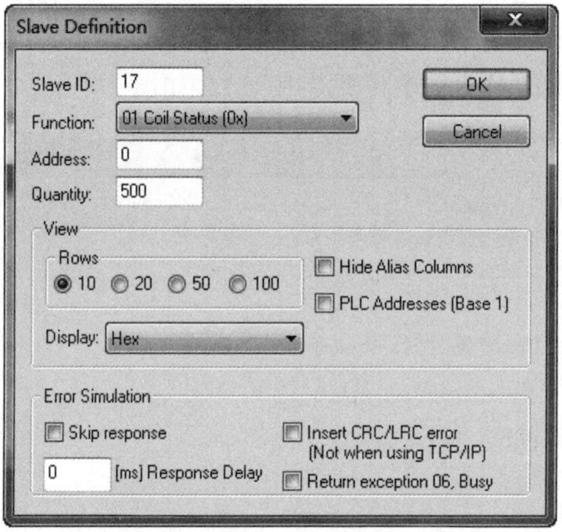

图 7-11　Modbus Slave 寄存器设置

　　在 Modbus Slave 主窗口中继续选择菜单项【File】→【New】，在新建的子窗口中右击，选择【Slave Definition】项，仿照前面的设置步骤进行其他寄存器的设置，注意【Function】应选择其他各项。

　　设置完毕后的效果如图 7-12 所示。

　　返回 Visual Studio 2015 主界面，可以通过设置断点等手段进行调试。通过与 Modbus Slave 通信观察 Modbus 的数据传输情况。

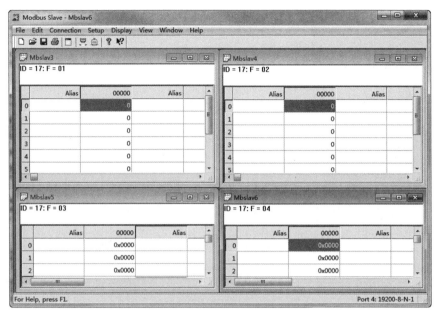

图 7-12　Modbus Slave 寄存器设置完成界面

7.2　开发 RTU Slave 端

7.2.1　新建工程并添加开发库

借助 libmodbus 开发库编写一个 RTU Slave 端程序,与前面开发的 Master 端互联互通。仿照前面的创建流程新建一个名为 TestRtuSlave 的控制台项目。

7.2.2　添加应用源代码

添加 cpp 的主文件,切换到 Visual Studio 2015 主界面,然后在项目列表框的 【Source Files】项上右击,选择菜单项【Add】→【New Item】。在弹出的对话框中, 输入文件名 TestRtuSlave.cpp,单击【Add】按钮完成添加。

Slave 端的程序代码如下。

```
1  #include <stdio.h>
2  #ifndef _MSC_VER
3  #include <unistd.h>
4  #endif
```

```
5   #include <stdlib.h>
6   #include <errno.h>
7
8   #include "modbus.h"
9
10  #define SERVER_ID 17                                    //从站地址
11
12  int main(void)
13  {
14      modbus_t * ctx;
15      modbus_mapping_t * mb_mapping;
16
17      /* RTU */
18      ctx =modbus_new_rtu("COM4", 19200, 'N', 8, 1); //创建一个 RTU 类型的容器
19      modbus_set_slave(ctx, SERVER_ID);                   //设置从端地址
20
21      if (modbus_connect(ctx) ==-1)               //RTU 模式下表示打开连接到串口
22      {
23          fprintf(stderr, "Connection failed: %s\n", modbus_strerror(errno));
24          modbus_free(ctx);
25          return -1;
26      }
27
28      modbus_set_debug(ctx, TRUE);                        //设置 debug 模式
29
30      //申请4块内存区,用来存放寄存器数据,这里各申请500个寄存器地址
31      mb_mapping =modbus_mapping_new(500, 500, 500, 500);
32      if (mb_mapping ==NULL)
33      {
34          fprintf(stderr, "Error mapping: %s\n", modbus_strerror(errno));
35          modbus_free(ctx);
36          return -1;
37      }
38
39      //循环接收查询帧并回复消息
40      for (;;)
41      {
42          uint8_t query[MODBUS_TCP_MAX_ADU_LENGTH];
43          int rc;
44
45          rc =modbus_receive(ctx, query); //获取查询报文
```

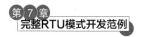

```
46          if (rc >=0)
47          {
48              /* rc is the query size */
49              modbus_reply(ctx, query, rc, mb_mapping);      //回复响应报文
50          }
51          else
52          {
53              //Connection closed by the client or error
54              printf("Connection Closed\n");
55          }
56      }
57
58      printf("Quit the loop: %s\n", modbus_strerror(errno));
59
60      //释放内存
61      modbus_mapping_free(mb_mapping);
62      modbus_close(ctx);
63      modbus_free(ctx);
64      return 0;
65  }
```

编译之后,运行通过。

为测试开发的应用程序 Modbus 协议通信是否正常,分别启动 TestRtuSlave 和 TestRtuMaster 项目,并通过虚拟串口连接进行断点测试。注意,在测试前, Modbus Slave 等工具应该关闭串口,以免占用串口造成通信失败。

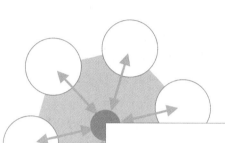

第 8 章
完整 TCP 模式
开发范例

前面已经对 libmodbus 开发库进行了
源代码分析和讲解，并通过 RTU 模式下的
范例程序的开发具体学习了 libmodbus 开
发库的用法，本章将使用 Visual Studio
2015 完成一个 TCP 模式下的范例程序。

8.1　开发 TCP Client 端

8.1.1　新建工程

前面的章节中,为便于开发和调试 RTU 模式的应用程序,借助虚拟串口软件(Visual Serial Port Driver)连接通信,而开发 TCP 模式的应用程序则不需要如此麻烦,只需要计算机可以连接网络即可,而这是一般计算机默认自带的。下面开始演示如何借助 libmodbus 开发库分别开发 TCP 模式下 Client 端和 Server 端的应用程序。

首先启动 Visual Studio 2015,选择菜单项【File】→【New】→【Project】,创建一个新的工程项目,如图 8-1 所示。

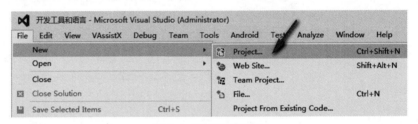

图 8-1　新建工程项目

在弹出的新建对话框中选择【Visual C++】→【Win32 Console Application】项,输入应用程序名 TestTcpClient,并选择项目存储的目录位置,设置完毕后单击【OK】按钮,如图 8-2 所示。

如图 8-3 所示,在接下来的对话框中分别选择【Console application】【Empty project】,取消选择【Security Development Lifecycle checks】,单击【Finish】按钮,此时将创建一个空的控制台工程项目。

8.1.2　添加开发库

创建新的工程项目后,切换到资源管理器画面,找到前面章节编译的 libmodbus 开发库文件,将 libmodbus 开发库项目生成的 lib 和 dll 文件以及必需的头文件复制到新项目所在的目录,如图 8-4 所示。

复制库文件完毕,切换到 Visual Studio 2015 主界面,如图 8-5 所示。在项目【Source Files】上右击,选择菜单项【Add】→【Existing Item】。

第 8 章
完整TCP模式开发范例

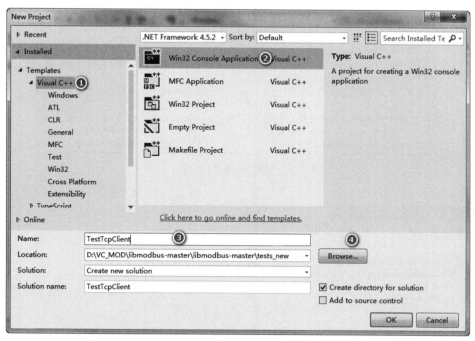

图 8-2　输入工程项目名

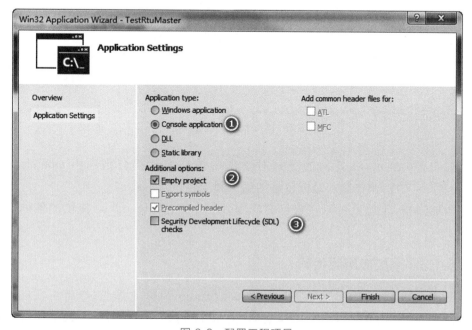

图 8-3　配置工程项目

149

名称	修改日期
modbus.dll	2016/8/8 15:24
modbus.h	2016/7/19 3:15
modbus.lib	2016/8/8 15:24
modbus-rtu.h	2016/7/19 3:15
modbus-tcp.h	2016/7/19 3:15
modbus-version.h	2016/8/8 14:46
TestTcpClient.vcxproj	2016/8/29 13:48
TestTcpClient.vcxproj.filters	2016/8/29 13:48

图 8-4　复制 libmodbus 库文件

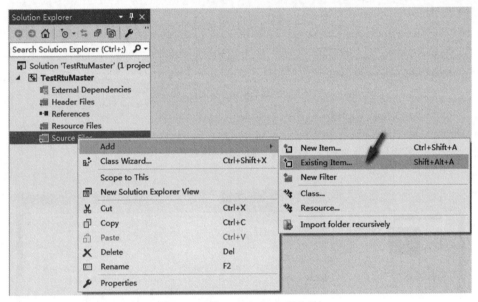

图 8-5　添加 libmodbus 库文件

如图 8-6 所示,在弹出的选择对话框中按住 Ctrl 键分别选中 modbus.h 和 modbus.lib 文件,单击【Add】按钮添加到工程项目。

添加完毕,至此就可以在自己的应用程序中使用 libmodbus 提供的各种接口函数了。

8.1.3　添加应用源代码

下面添加 cpp 的主文件,切换到 Visual Studio 2015 主界面,然后在项目列表框的【Source Files】项上右击,选择菜单项【Add】→【New Item】。在弹出的对话框

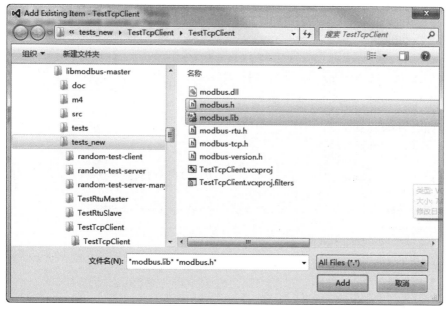

图 8-6　添加 libmodbus 头文件和导入库

中输入文件名 TestTcpClient.cpp，单击【Add】按钮完成添加，如图 8-7 所示。

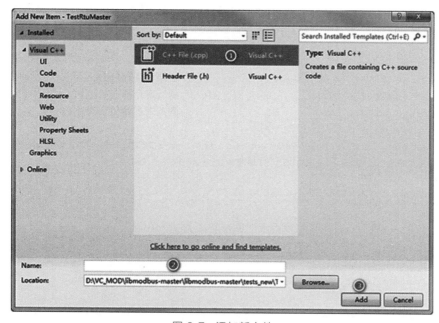

图 8-7　添加新文件

在新文件中输入以下代码。注意与 RTU 模式 Master 端的代码的区别。

```
1   #include <stdio.h>
2   #ifndef _MSC_VER
3   #include <unistd.h>
4   #endif
5   #include <string.h>
6   #include <stdlib.h>
7   #include <errno.h>
8
9   #include "modbus.h"                    //引入 libmodbus
10
11  /* The goal of this program is to check all major functions of
12  libmodbus:
13  -write_coil
14  -read_bits
15  -write_coils
16  -write_register
17  -read_registers
18  -write_registers
19  -read_registers
20
21  All these functions are called with random values on a address
22  range defined by the following defines.
23  */
24  #define LOOP              1             //循环次数
25  #define SERVER_ID         17            //从端设备地址
26  #define ADDRESS_START     0             //测试寄存器起始地址
27  #define ADDRESS_END       99            //测试寄存器结束地址
28
29  /* At each loop, the program works in the range ADDRESS_START to
30   * ADDRESS_END then ADDRESS_START +1 to ADDRESS_END and so on.
31   */
32  int main(void)
33  {
34      modbus_t * ctx;
35      int rc;
36      int nb_fail;
37      int nb_loop;
38      int addr;
39      int nb;
40      uint8_t * tab_rq_bits;             //用于保存发送或接收数据
```

```
41    uint8_t * tab_rp_bits;
42    uint16_t * tab_rq_registers;
43    uint16_t * tab_rw_rq_registers;
44    uint16_t * tab_rp_registers;
45
46    / * TCP * /
47    ctx = modbus_new_tcp("127.0.0.1", 1502);        //创建一个 TCP 类型的容器
48    modbus_set_debug(ctx, TRUE);                     //设置 debug 模式
49
50    if (modbus_connect(ctx) == -1)                    //TCP 模式下连接 Server
51    {
52        fprintf(stderr, "Connection failed: %s\n", modbus_strerror(errno));
53        modbus_free(ctx);
54        return -1;
55    }
56
57    / * Allocate and initialize the different memory spaces * /
58    nb = ADDRESS_END - ADDRESS_START;                 //计算需要测试的寄存器个数
59
60    //以下申请内存块用来保存发送和接收各数据
61    tab_rq_bits = (uint8_t * )malloc(nb * sizeof(uint8_t));
62        memset(tab_rq_bits, 0, nb * sizeof(uint8_t));
63
64        tab_rp_bits = (uint8_t * )malloc(nb * sizeof(uint8_t));
65        memset(tab_rp_bits, 0, nb * sizeof(uint8_t));
66
67        tab_rq_registers = (uint16_t * )malloc(nb * sizeof(uint16_t));
68        memset(tab_rq_registers, 0, nb * sizeof(uint16_t));
69
70        tab_rp_registers = (uint16_t * )malloc(nb * sizeof(uint16_t));
71        memset(tab_rp_registers, 0, nb * sizeof(uint16_t));
72
73        tab_rw_rq_registers = (uint16_t * )malloc(nb * sizeof(uint16_t));
74        memset(tab_rw_rq_registers, 0, nb * sizeof(uint16_t));
75
76        nb_loop = nb_fail = 0;
77        while (nb_loop++ < LOOP)
78        {
79            //从起始地址开始顺序测试
80            for (addr = ADDRESS_START; addr < ADDRESS_END; addr++)
81            {
```

153

```
82          int i;
83
84          //生成随机数,用于测试
85          for (i = 0; i < nb; i++)
86          {
87              tab_rq_registers[i]=(uint16_t)(65535.0 * rand()/(RAND_MAX +1.0));
88              tab_rw_rq_registers[i] =~ tab_rq_registers[i];
89              tab_rq_bits[i] =tab_rq_registers[i] %2;
90          }
91          nb =ADDRESS_END - addr;
92
93          /* 测试线圈寄存器的单个读写 */
94          rc =modbus_write_bit(ctx, addr, tab_rq_bits[0]);     //写线圈地址 addr
95          if (rc !=1)
96          {
97              printf("ERR modbus_write_bit(%d)-%s\n", rc, modbus_strerror(errno));
98              printf("Address =%d, value =%d\n", addr, tab_rq_bits[0]);
99              nb_fail++;
100         }
101         else
102         {
103             //写入之后,再读取并比较
104             rc =modbus_read_bits(ctx, addr, 1, tab_rp_bits);
105             if (rc !=1 || tab_rq_bits[0] !=tab_rp_bits[0])
106             {
107                 printf("ERROR modbus_read_bits single (%d) \n", rc);
108                 printf("address =%d\n", addr);
109                 nb_fail++;
110             }
111         }
112
113         /* 测试线圈寄存器的批量读写 */
114         rc =modbus_write_bits(ctx, addr, nb, tab_rq_bits);
115         if (rc !=nb)
116         {
117             printf("ERROR modbus_write_bits (%d) \n", rc);
118             printf("Address =%d, nb =%d\n", addr, nb);
119             nb_fail++;
120         }
121         else
122         {
```

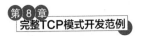

```
123          //写入之后,再读取并比较
124          rc =modbus_read_bits(ctx, addr, nb, tab_rp_bits);
125      if (rc !=nb)
126      {
127          printf("ERROR modbus_read_bits\n");
128          printf("Address =%d, nb =%d\n", addr, nb);
129          nb_fail++;
130      }
131      else
132      {
133          for (i =0; i <nb; i++)
134          {
135              if (tab_rp_bits[i] !=tab_rq_bits[i])
136              {
137                  printf("ERROR modbus_read_bits\n");
138                  printf("Addr=%d, %d (0x%X) !=%d (0x%X)\n",
139                      addr, tab_rq_bits[i], tab_rq_bits[i],
140                      tab_rp_bits[i], tab_rp_bits[i]);
141                  nb_fail++;
142              }
143          }
144      }
145  }
146
147  /*测试保持寄存器的单个读写*/
148  rc =modbus_write_register(ctx, addr, tab_rq_registers[0]);
149  if (rc !=1)
150  {
151      printf("ERROR modbus_write_register (%d)\n", rc);
152      printf("Addr=%d, value=%d (0x%X)\n",
153          addr, tab_rq_registers[0], tab_rq_registers[0]);
154      nb_fail++;
155  }
156  else
157  {
158      //写入之后,再读取并比较
159      rc =modbus_read_registers(ctx, addr, 1, tab_rp_registers);
160      if (rc !=1)
161      {
162          printf("ERROR modbus_read_registers (%d)\n", rc);
163          printf("Address=%d\n", addr);
```

```
164                    nb_fail++;
165                }
166            else
167            {
168                if (tab_rq_registers[0] !=tab_rp_registers[0])
169                {
170                    printf("ERROR modbus_read_registers single\n");
171                    printf("Addr=%d, %d (0x%X) !=%d (0x%X)\n",
172                            addr, tab_rq_registers[0], tab_rq_registers[0],
173                            tab_rp_registers[0], tab_rp_registers[0]);
174                    nb_fail++;
175                }
176            }
177        }
178
179    /*测试线圈寄存器的批量读写*/
180    rc =modbus_write_registers(ctx, addr, nb, tab_rq_registers);
181    if (rc !=nb)
182    {
183        printf("ERROR modbus_write_registers (%d)\n", rc);
184        printf("Address =%d, nb =%d\n", addr, nb);
185        nb_fail++;
186    }
187    else
188    {
189        //写入之后，再读取并比较
190        rc =modbus_read_registers(ctx, addr, nb, tab_rp_registers);
191        if (rc !=nb)
192        {
193            printf("ERROR modbus_read_registers (%d)\n", rc);
194            printf("Address =%d, nb =%d\n", addr, nb);
195            nb_fail++;
196        }
197        else
198        {
199            for (i =0; i <nb; i++)
200            {
201                if (tab_rq_registers[i] !=tab_rp_registers[i])
202                {
203                    printf("ERROR modbus_read_registers\n");
204                    printf("Addr=%d, %d (0x%X) !=%d (0x%X)\n",
205                            addr, tab_rq_registers[i], tab_rq_registers[i],
```

```
206                             tab_rp_registers[i], tab_rp_registers[i]);
207                     nb_fail++;
208                 }
209             }
210         }
211     }
212     /* 功能码 23 (0x17) 读写多个寄存器的测试 */
213     rc =modbus_write_and_read_registers(ctx,
214                 addr, nb, tab_rw_rq_registers,
215                 addr, nb, tab_rp_registers);
216     if (rc !=nb)
217     {
218         printf("ERROR modbus_read_and_write_registers (%d)\n", rc);
219         printf("Address =%d, nb =%d\n", addr, nb);
220         nb_fail++;
221     }
222     else
223     {
224         for (i =0; i <nb; i++)
225         {
226             if (tab_rp_registers[i] !=tab_rw_rq_registers[i])
227             {
228                 printf("ERROR modbus_read_and_write_registers READ\n");
229                 printf("Addr=%d, %d (0x%X) !=%d (0x%X)\n",
230                     addr, tab_rp_registers[i], tab_rw_rq_registers[i],
231                     tab_rp_registers[i], tab_rw_rq_registers[i]);
232                 nb_fail++;
233             }
234         }
235
236         //写入之后，再读取并比较
237         rc =modbus_read_registers(ctx, addr, nb, tab_rp_registers);
238         if (rc !=nb)
239         {
240             printf("ERROR modbus_read_registers (%d)\n", rc);
241             printf("Address =%d, nb =%d\n", addr, nb);
```

```
242                    nb_fail++;
243                }
244                else
245                {
246                    for (i = 0; i < nb; i++)
247                    {
248                        if (tab_rw_rq_registers[i] != tab_rp_registers[i])
249                        {
250                            printf("ERROR modbus_read_and_write_registers\n");
251                            printf("Addr=%d, %d (0x%X) != %d (0x%X) \n",
252                              addr,tab_rw_rq_registers[i],tab_rw_rq_registers[i],
253                              tab_rp_registers[i], tab_rp_registers[i]);
254                            nb_fail++;
255                        }
256                    }
257                }
258            }
259        }
260
261        printf("Test: ");
262        if (nb_fail)
263            printf("%d FAILS\n", nb_fail);
264        else
265            printf("SUCCESS\n");
266    }
267
268    /* Free the memory */
269    free(tab_rq_bits);
270    free(tab_rp_bits);
271    free(tab_rq_registers);
272    free(tab_rp_registers);
273    free(tab_rw_rq_registers);
274
275    /* Close the connection */
276    modbus_close(ctx);
277    modbus_free(ctx);
278
279    return 0;
280 }
```

代码添加完毕,编译之后,运行通过。

8.1.4 代码调试

为测试通信是否正常,使用 Modbus Slave 模拟服务端设备进行通信,与 RTU 模式不同的是通信类型的设置。

启动 Modbus Slave,关闭所有已打开的子窗口,然后选择菜单项【Connection】→【Connect】,在弹出的对话框中设置连接参数,如图 8-8 所示,记得勾选【Ignore Unit ID】复选框。

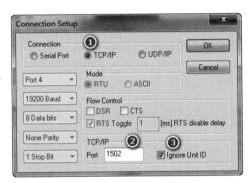

图 8-8 Modbus Slave 连接设置

只有输入正确的 TCP/IP 端口号,才能保证通信正确。

如果不勾选【Ignore Unit ID】复选框,则需要在上述 Client 端代码中添加下列语句,以区别不同服务端设备的寄存器,否则将无法连接 Server 端设备,因为 Server 端设备将检测 Unit ID 项。

```
modbus_set_slave(ctx, SERVER_ID);          //设置从端地址
```

连接设置完毕,关闭设置对话框。在主窗口中选择菜单项【File】→【New】,在新建的子窗口中右击,选择【Slave Definition】项,如图 8-9 所示。

在寄存器设置对话框中,【Function】选择【01 Coil Status】,【Address】与【Quantity】分别如图 8-10 所示设置。注意:在前面的连接设置对话框中,如果未勾选【Ignore Unit ID】复选框,则需要设置正确的 Slave ID;如果勾选了【Ignore Unit ID】复选框,则此项可选择任意值(1~255)。

设置完毕,单击【OK】按钮回到主窗口,将寄存器子窗口调整到合适的大小。

在 Modbus Slave 主窗口中继续选择菜单项【File】→【New】,在新建的子窗口中右击,选择【Slave Definition】项,仿照前面的设置步骤进行其他寄存器的设置,注意【Function】应选择其他各项。

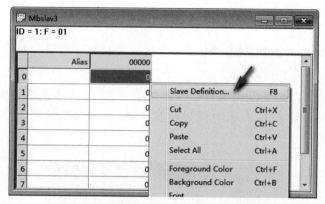

图 8-9　Modbus Slave 主窗口快捷菜单

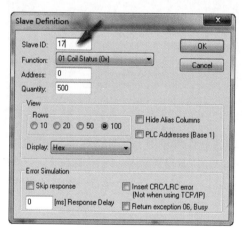

图 8-10　Modbus Slave 寄存器设置

设置完毕后的效果如图 8-11 所示。

返回 Visual Studio 2015 主界面,可以通过设置断点等手段进行调试。通过与 Modbus Slave 通信,观察 Modbus 在 TCP 模式下的数据传输。

8.2　开发 TCP Server 端

8.2.1　新建工程并添加开发库

借助 libmodbus 开发库编写一个 TCP Server 端程序,并与前面开发的 Client 端互联互通。仿照前面的创建流程,新建一个名为 TestTcpServer 的控制台项目。

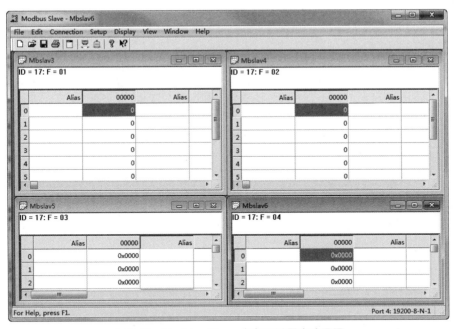

图 8-11　Modbus Slave 寄存器设置完成画面

8.2.2　添加应用源代码

下面添加 cpp 的主文件。切换到 Visual Studio 2015 主界面,然后在项目列表框的【Source Files】项上右击,选择菜单项【Add】→【New Item】。在弹出的对话框中,输入文件名 TestTcpServer.cpp,单击【Add】按钮完成添加。

Server 端的程序代码如下。

```
1   #include <stdio.h>
2   #ifndef _MSC_VER
3   #include <unistd.h>
4   #endif
5   #include <stdlib.h>
6   #include <errno.h>
7
8   #include "modbus.h"
9
10  int main(void)
11  {
12      int server_socket =-1;
```

161

```
13      modbus_t * ctx;
14      modbus_mapping_t * mb_mapping;
15
16      ctx =modbus_new_tcp(NULL, 1502);          //创建一个 TCP 类型的容器
17      modbus_set_debug(ctx, TRUE);              //设置 debug 模式
18
19      //申请 4 块内存区,用来存放寄存器数据,这里各申请 500 个寄存器地址
20      mb_mapping =modbus_mapping_new(500, 500, 500, 500);
21      if (mb_mapping ==NULL)
22      {
23          fprintf(stderr, "Failed mapping:%s\n", modbus_strerror(errno));
24          modbus_free(ctx);
25          return -1;
26      }
27
28      //开始监听端口
29      server_socket =modbus_tcp_listen(ctx, 1);
30      if (server_socket ==-1)
31      {
32          fprintf(stderr, "Unable to listen TCP\n");
33          modbus_free(ctx);
34          return -1;
35      }
36
37      //开始接收数据
38      modbus_tcp_accept(ctx, &server_socket);
39
40      for (;;)
41      {
42          uint8_t query[MODBUS_TCP_MAX_ADU_LENGTH];
43          int rc;
44
45          rc =modbus_receive(ctx, query);           //获取查询报文
46          if (rc >=0)
47          {
48          /* rc is the query size */
49          modbus_reply(ctx, query, rc, mb_mapping);     //回复响应报文
50      }
51          else
52          {
```

```
53              //Connection closed by the client or error
54              printf("Connection Closed\n");
55              //Close ctx
56              modbus_close(ctx);
57              //等待下一个客户端报文
58              modbus_tcp_accept(ctx, &server_socket);
59          }
60      }
61
62      printf("Quit the loop: %s\n", modbus_strerror(errno));
63
64      modbus_mapping_free(mb_mapping);
65      modbus_close(ctx);
66      modbus_free(ctx);
67
68      return 0;
69  }
```

编译之后,运行通过。

为测试开发的应用程序 Modbus TCP 通信是否正常,分别启动 TestTcpServer 和 TestTcpClient 项目,并通过网络连接进行断点测试。

至此,利用 libmodbus 开发 Modbus RTU/TCP 程序的基本范例讲解完毕。

第 9 章

Visual Basic 中使用 libmodbus

前面对 libmodbus 开发库的使用都是基于 C/C++ 语言进行的，为扩大 libmodbus 开发库的应用范围，本章使用 Visual Basic 2015 基于 libmodbus 开发库完成一个 Modbus 协议通信的范例程序。

其实在 Visual Basic、Visual C# 等其他语言中是无法直接使用 C/C++ 语言编写动态链接库的，在实现之前，首先需要了解一些跨语言编程的基础知识。

9.1 函数调用约定与修饰名

在学习 C/C++ 的 Windows 编程的过程中你可能有些好奇,某个时候在函数声明前会出现奇怪的符号,如__cdecl、__stdcall、__fastcall、WINAPI 等。之后通过 MSDN 或者其他一些参考资料你会发现,这些符号是用于指定函数的调用约定的。

9.1.1 函数调用约定

所谓函数调用约定,书面的解释是指在程序设计语言中为实现函数相互调用而建立的一种协议,这种协议定义了该语言中函数调用者和被调用函数体之间关于参数传递、返回值传递、堆栈清除、寄存器使用的一种规则。不同的语言定义了不同的调用约定。

调用约定是需要二进制级别兼容的强约定,函数调用者和函数体如果使用不同的调用约定,则可能造成程序执行错误,必须把它看作函数声明的一部分。

常见的函数调用约定包括__stdcall、__cdecl、__fastcall(注意是连续的两条下画线)。

在 Visual Studio 2015 中,打开任意一个 C/C++ 工程项目,然后按 Alt+F7 键打开项目属性对话框,依照路径【C/C++】→【Advanced】→【Calling Convention】修改该工程项目的函数调用约定,如图 9-1 所示。

由于在 Visual Studio 中默认的调用约定是__cdecl 类型,因此直接编译生成的 DLL 动态链接库无法在 Visual Basic 或 Visual C♯ 等其他语言中使用。

注:图 9-1 中的__vectorcall 调用约定是新增加的,属于 Microsoft 专用。__vectorcall 调用约定指定尽可能在寄存器中传递函数的参数。__vectorcall 对参数使用的寄存器的数目多于__fastcall 或默认的 x64 调用约定对参数使用的寄存器的数目。

为什么会存在调用约定的概念呢?

调用约定的存在也可以说是一个历史遗留问题。当函数调用完成后,栈需要清除,这里就是问题的关键,如何清除栈? 如果函数使用了__cdecl,那么栈的清除工作是由调用者,用 COM 的术语来讲就是客户完成的。这样就带来了一个棘手的问题,不同的编译器产生栈的方式不尽相同,那么调用者能否正常完成清除工作呢? 答案是不能。

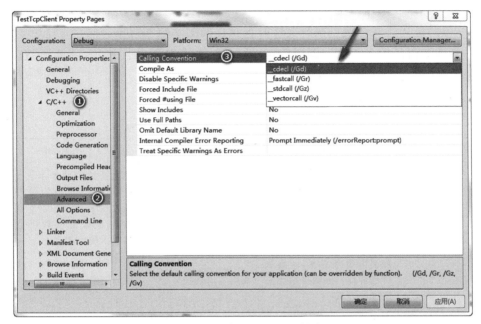

图 9-1　修改工程项目调用约定

如果使用__stdcall,则上面的问题就可以解决,由函数自己解决清除工作。因此在跨语言平台的调用中都使用__stdcall(虽然有时是以 WINAPI 的样子出现的)。那么为什么还需要__cdecl 呢？当遇到诸如 fprintf()这样的函数时,它的参数是可变、不定长的,被调用者事先无法知道参数的长度,事后的清除工作也无法正常进行,因此只能使用__cdecl 调用约定。

9.1.2　函数修饰名

调用约定的出现引出了另一个问题——函数修饰名。对于初学者,函数修饰名是一个比较陌生的名词。

实际上,在 C++ 语言中,为了允许操作符重载和函数重载,C++ 编译器往往按照某种规则改写每一个入口点的符号名,以便允许同一个函数名字(具有不同的参数类型或者不同的作用域)能有多个用法,而不会打破现有的基于 C 的链接器。这项技术通常被称为名称改编(Name Mangling)或者名称修饰(Name Decoration),许多 C++ 编译器厂商都选择了自己的名称修饰方案。

通常情况下,C 和 C++ 程序中的函数、数据和对象均在内部由其修饰名表示。修饰名是由编译器在编译对象、数据或函数定义期间创建的已编码的字符串,用来记录名称以及调用约定、类型、函数参数和其他信息。此名称修饰(也称名称重整)可帮助链接器在链接可执行文件时查找正确的函数和对象。

修饰名由函数名、类名、调用约定、返回类型、参数等共同决定,随调用约定和编译种类(C 或 C++)的不同而变化。

调用约定和函数修饰名的关系可以用表 9-1 概括。

表 9-1　函数调用约定与修饰名的关系(Windows)

调 用 约 定	__stdcall	__cdecl	__fastcall
参数传递方式	右→左 压栈	右→左 压栈	左边开始的两个不大于 4 字节(DWORD)的参数分别放在 ECX 和 EDX 寄存器中,其余的参数仍自右向左压栈传送
清理栈方	被调用函数清理(即函数自己清理),多数据情况使用这种方式	调用者清理栈	被调用者清理栈
适用场合	Windows API	C/C++、MFC 默认方式 可变参数时使用	速度快
C 编译修饰约定(它们均不改变输出函数名中的英文大小写)	约定在输出函数名前加上一个下画线前缀,后面加上一个"@"符号和其参数的字节数,格式为 _FunctionName@number	约定仅在输出函数名前加上一个下画线前缀,格式为 _FunctionName	调用约定在输出函数名前加上一个"@"符号,后面也是一个"@"符号和其参数的字节数,格式为 @FunctionName@number
C++ 编译修饰约定(函数名英文大小写不变)	由于 C++ 允许重载函数,因此函数的名字修饰就不能像 C 这么简单。C++ 中的函数名字修饰应该包含返回类型、各参数类型等信息。如果是类成员函数,还应包含类名、访问级别以及是否为 const 函数等信息(可参考其他资料,这里省略)		

以上是针对 Windows 平台的,对于 Linux 平台,__stdcall 和 __cdecl 没有区别,有区别的是编程语言,如表 9-2 所示。

表 9-2　Linux 下编译语言与修饰名的关系

编 译 语 言	函数原型(例)	函数修饰名	说　明
C 编译修饰约定(均不改变输出函数名中的英文大小写)	char TEST();	TEST	只是简单的一个函数名,没有其他修饰信息
	double func(int a,char * c);	func	

续表

编 译 语 言	函数原型(例)	函数修饰名	说　　明
C++ 编译修饰约定 (均不改变输出函数 名中的英文大小写)	char test();	_Z4testv	_Z 表示 C++,4 代表函数名 有 4 字节,test 是函数名,v 代表参数为空
	double func(unsigned int a, double * b,char c);	_Z4funcjPdc	j 代表 int,Pd 代表 double 型 指针,c 代表 char

对于以上知识,针对 libmodbus 开发库的使用只需要大致了解。需要注意的是,修饰名的命名约定在各种版本的 Visual C++ 编译器中可能有所不同,并且可能在不同的目标体系结构上也不同。若要正确地链接使用 Visual C++、C/C++创建的源文件,则应尽可能地使用相同的编译器工具集、标志和目标体系结构编译 DLL 动态链接库及可执行文件。

9.1.3　调用约定的使用

基于以上原因,为使其他语言编写的模块(如 Visual Basic 应用程序、Pascal或 FORTRAN 的应用程序等)可以调用 C/C++ 编写的 DLL 动态链接库的函数,必须使用正确的调用约定导出函数,并且不要让编译器对要导出的函数进行任何名称修饰。

在 Windows 操作系统下的调用约定可以是__stdcall、__cdecl、__fastcall 之一,这些标识加在函数名前面,如

```
int __stdcall funcName(int a, char* c);
int __cdecl funcName(int a, char* c);
```

但在 Linux 操作系统下,按照上面写法编译程序将导致编译错误,Linux 下的正确语法为

```
int __attribute__((__stdcall__)) funcName(int a);
int __attribute__((__cdecl__)) funcName(char* c);
```

Linux 下如果函数不指定调用约定,则默认情况应该是__attribute__((__cdecl__))方式。

还可以通过修改 Visual C++ 工程文件的编译配置属性改变全部调用约定,如图 9-1 所示。如果没有特殊情况,则建议采用默认值。

9.2　模块定义文件

当其他语言调用 C/C++ 的导出函数时，由于无法重写堆栈清理发生的位置，因此 C/C++ 开发的 DLL 动态链接库中必须使用__stdcall 调用约定（被调用函数清理堆栈，参数从右向左传递）。而在 DLL 动态链接库中的导出函数上使用__stdcall 调用约定时，修饰名又将被导出。为解决这个矛盾，Visual C++ 需要引入 DEF 模块定义文件。

模块定义文件是一个有着 def 文件扩展名的文本文件，它被用于导出一个 DLL 动态链接库的函数，其功能和__declspec(dllexport)前导符很相似。

一个 def 文件中只有两个必需部分：LIBRARY 和 EXPORTS。下面是基本的 def 模块定义文件格式。

```
1  LIBRARY        DLL_NAME
2  DESCRIPTION    "DLL EXAMPLE"
3  EXPORTS
4    Function01 @1
5    Function02 @2
6    Function03 @3
7    Function04 @4
```

第 1 行，"LIBRARY"是一个必需部分，它告诉链接器（linker）如何命名你的 DLL 动态链接库。

下面被标识为"DESCRIPTION"的部分并不是必需的，用于对 DLL 文件进行一个简单描述，可以省略。

标识为"EXPORTS"的部分是另一个必需部分，这个部分使得该函数可以被其他应用程序访问，并且它创建了一个导入库。生成这个项目时，不仅是一个 dll 文件被创建，而且一个文件扩展名为 lib 的导出库也被创建了。其中，Function01 等部分标记导出函数的原型名，此时导出函数将不添加任何修饰名；而@1 等部分标记导出函数的顺序，可省略。

除了以上部分，作为可选项，还有其他四个部分标识为 NAME、STACKSIZE、SECTIONS 和 VERSION，具体信息可参考其他资料，本书不再涉及这些内容。

9.3　对 libmodbus 开发库的改造

为使 libmodbus 开发库能够被 Visual Basic 或者 Visual C♯ 调用,需要对
libmodbus 进行代码级修改。

9.3.1　添加__stdcall 调用符

第一步,使用 Visual Studio 2015 载入 libmodbus 项目文件,为所有的导出函
数添加"__stdcall"调用约定符,即所有使用 MODBUS_API 作为前导的函数在声
明和定义的地方均显式添加字符串"__stdcall"。导出函数声明主要存在于
modbus.h、modbus_rtu.h、modbus_tcp.h 等文件中。部分修改后的函数如图 9-2
所示。

```
179    MODBUS_API int  __stdcall modbus_set_slave(modbus_t* ctx, int slave);
180    MODBUS_API int  __stdcall modbus_set_error_recovery(modbus_t *ctx, modbus_error_recovery_mode error_recovery);
181    MODBUS_API int  __stdcall modbus_set_socket(modbus_t *ctx, int s);
182    MODBUS_API int  __stdcall modbus_get_socket(modbus_t *ctx);
183
184    MODBUS_API int  __stdcall modbus_get_response_timeout(modbus_t *ctx, uint32_t *to_sec, uint32_t *to_usec);
185    MODBUS_API int  __stdcall modbus_set_response_timeout(modbus_t *ctx, uint32_t to_sec, uint32_t to_usec);
186
187    MODBUS_API int  __stdcall modbus_get_byte_timeout(modbus_t *ctx, uint32_t *to_sec, uint32_t *to_usec);
188    MODBUS_API int  __stdcall modbus_set_byte_timeout(modbus_t *ctx, uint32_t to_sec, uint32_t to_usec);
189
190    MODBUS_API int  __stdcall modbus_get_header_length(modbus_t *ctx);
191
192    MODBUS_API int  __stdcall modbus_connect(modbus_t *ctx);
193    MODBUS_API void __stdcall modbus_close(modbus_t *ctx);
194
195    MODBUS_API void __stdcall modbus_free(modbus_t *ctx);
196
197    MODBUS_API int  __stdcall modbus_flush(modbus_t *ctx);
198    MODBUS_API int  __stdcall modbus_set_debug(modbus_t *ctx, int flag);
199
200    MODBUS_API const char* __stdcall modbus_strerror(int errnum);
201
202    MODBUS_API int  __stdcall modbus_read_bits(modbus_t *ctx, int addr, int nb, uint8_t *dest);
203    MODBUS_API int  __stdcall modbus_read_input_bits(modbus_t *ctx, int addr, int nb, uint8_t *dest);
204    MODBUS_API int  __stdcall modbus_read_registers(modbus_t *ctx, int addr, int nb, uint16_t *dest);
205    MODBUS_API int  __stdcall modbus_read_input_registers(modbus_t *ctx, int addr, int nb, uint16_t *dest);
206    MODBUS_API int  __stdcall modbus_write_bit(modbus_t *ctx, int coil_addr, int status);
207    MODBUS_API int  __stdcall modbus_write_register(modbus_t *ctx, int reg_addr, int value);
208    MODBUS_API int  __stdcall modbus_write_bits(modbus_t *ctx, int addr, int nb, const uint8_t *data);
209    MODBUS_API int  __stdcall modbus_write_registers(modbus_t *ctx, int addr, int nb, const uint16_t *data);
210    MODBUS_API int  __stdcall modbus_mask_write_register(modbus_t *ctx, int addr, uint16_t and_mask, uint16_t or_mask);
211    MODBUS_API int  __stdcall modbus_write_and_read_registers(modbus_t *ctx, int write_addr, int write_nb,
```

图 9-2　导出函数前添加字符串"__stdcall"

代码修改完成后,编译试试看。如果通过,则继续下一步,否则继续修改,直
到成功编译为止。值得注意的是,每个导出函数的声明和定义的地方均需要添加

字符串"__stdcall"。

9.3.2 添加 DEF 模块定义文件

返回 Visual Studio 2015 主界面,在 libmodbus 工程项目名上右击,在弹出的菜单中分别选择【Add】→【New Item】项,如图 9-3 所示。

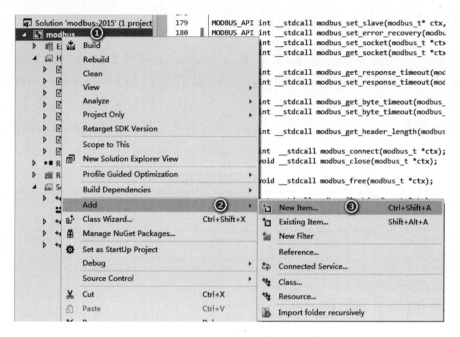

图 9-3　添加新项目菜单

在弹出的对话框中选择添加模块定义文件,并输入文件名,如 modbus.def 等,如图 9-4 所示。

在新建的模块定义文件中添加所有导出函数,代码如下所示。

```
1  LIBRARY "modbus"
2
3  EXPORTS
4      modbus_set_slave
5      modbus_set_error_recovery
6      modbus_set_socket
7      modbus_get_socket
8      modbus_get_response_timeout
9      modbus_set_response_timeout
```

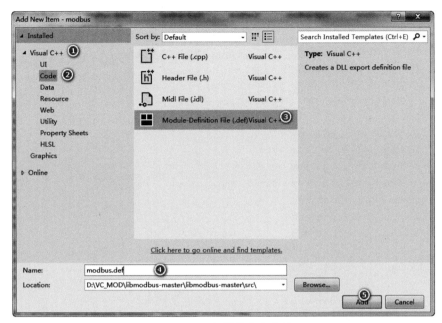

图 9-4　添加模块定义文件

```
10     modbus_get_byte_timeout
11     modbus_set_byte_timeout
12     modbus_get_header_length
13     modbus_connect
14     modbus_close
15     modbus_free
16     modbus_flush
17     modbus_set_debug
18     modbus_strerror
19     modbus_read_bits
20     modbus_read_input_bits
21     modbus_read_registers
22     modbus_read_input_registers
23     modbus_write_bit
24     modbus_write_register
25     modbus_write_bits
26     modbus_write_registers
27     modbus_mask_write_register
28     modbus_write_and_read_registers
29     modbus_report_slave_id
```

30	modbus_mapping_new_start_address
31	modbus_mapping_new
32	modbus_mapping_free
33	modbus_send_raw_request
34	modbus_receive
35	modbus_receive_confirmation
36	modbus_reply
37	modbus_reply_exception
38	modbus_set_bits_from_byte
39	modbus_set_bits_from_bytes
40	modbus_get_byte_from_bits
41	modbus_get_float
42	modbus_get_float_abcd
43	modbus_get_float_dcba
44	modbus_get_float_badc
45	modbus_get_float_cdab
46	modbus_set_float
47	modbus_set_float_abcd
48	modbus_set_float_dcba
49	modbus_set_float_badc
50	modbus_set_float_cdab
51	
52	modbus_new_rtu
53	modbus_rtu_set_serial_mode
54	modbus_rtu_get_serial_mode
55	modbus_rtu_set_rts
56	modbus_rtu_get_rts
57	modbus_rtu_set_custom_rts
58	modbus_rtu_set_rts_delay
59	modbus_rtu_get_rts_delay
60	
61	modbus_new_tcp
62	modbus_tcp_listen
63	modbus_tcp_accept
64	modbus_new_tcp_pi
65	modbus_tcp_pi_listen
66	modbus_tcp_pi_accept

模块定义文件添加完毕,重新编译生成 modbus.dll 和 modbus.lib 文件。

这样生成的 modbus.dll 文件与 Windows 操作系统提供的系统 API 一样,可以由其他语言调用。

9.4　开发 Visual Basic 程序

通常使用 Visual Basic 开发应用程序,主要用于开发客户端(Client)或者主设备端(Master),能够主动发起通信,对 Modbus 服务端或从设备端进行参数设置的修改或者监控各种数据。

下面给出一个范例,用来实现 Visual Basic 程序调用 libmodbus 库函数。

9.4.1　创建新项目

启动 Visual Studio 2015,依次选择菜单项【File】→【New】→【Project】,在弹出的对话框中依次选择【Visual Basic】→【Windows】→【Windows Forms Application】项,并输入项目名,如 TestVB 等,如图 9-5 所示。

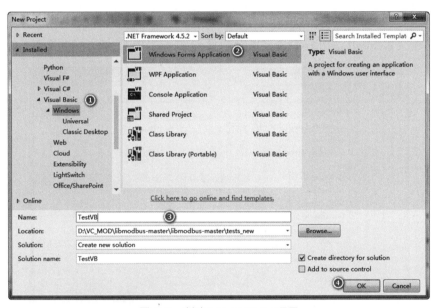

图 9-5　创建 Visual Basic 项目

单击【OK】按钮,生成一个空白项目。

复制前一节修改 libmodbus 代码后生成的 modbus.dll 文件到此 Visual Basic 项目目录下,复制完毕后切换到 Visual Basic 2015 主界面。在项目名上右击,在弹出的菜单中依次选择【Add】→【Existing Item】项,如图 9-6 所示。

如图 9-7 所示,在弹出的对话框中依次选择文件,并添加 libmodbus 工程项目

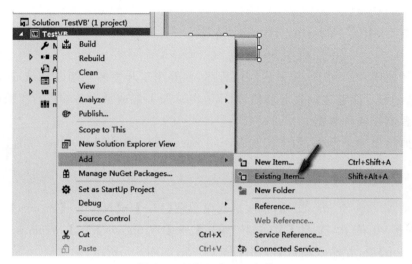

图 9-6　添加既存项目文件

生成的库文件 modbus.dll，添加完毕后切换到 Visual Basic 2015 主界面。

图 9-7　添加 libmodbus 动态库文件

切换到工程项目的文件列表属性页，在文件例表中的 modbus.dll 上右击，在
弹出的菜单中选择【Properties】项，在属性对话框中选择【Copy always】项，如
图 9-8 所示。

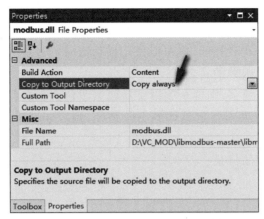

图 9-8　设置 modbus.dll 文件属性

9.4.2　添加函数描述文件

与 C/C++ 语言中提供的头文件类似,为了在 Visual Basic 中使用 DLL 动态
链接库文件,需要提供对应的函数描述文件。

首先用 Declare 声明语句在窗体级、模块级或全局模块的代码声明段对 DLL
动态链接库函数的 API 进行声明,将动态链接库中的函数声明到 Visual Basic 中,
以供 Visual Basic 程序认识并调用,其语法格式有以下两种形式。

- 语法格式 1:

Public/Private Declare Sub [函数名] Lib "DLL 文件名" [Alias "别名"] (参数变量表)

- 语法格式 2:

Public/Private Declare Auto Function [函数名] Lib "DLL 文件名" [Alias "别名"]
(参数变量表) [As 返回值的数据类型]

在声明语法格式中,首先用 Declare 关键字表示声明 DLL 动态链接库中的函
数。在 C/C++ 语言中,有的函数类型为 void,表示不具有返回值,必须用关键字
Sub 将其声明成过程。还有的函数具有返回值,必须用关键字 Function 将其声明
成函数,并在声明语句的最后用 AS 关键字指明函数返回值的类型。

1. Auto 修饰符

Auto 修饰符用于标记运行库,根据公共语言运行库规则(或已指定的别名)转
换基于方法名的字符串。

2. Lib 与 Alias 关键字

紧跟 Function 关键字之后的名称就是程序用来访问导入函数的名称,它可以与正在调用的函数的实名相同,也可以使用任何有效的过程名,然后使用 Alias 关键字指定正在调用的函数的实名。

如果指定 Lib 关键字,则这个关键字后面紧跟包含正在调用的函数的 DLL 文件的名称和位置。如果未指定具体的 Lib 路径,则 Visual Basic 将按照下列顺序查找该文件:

① exe 文件所在的目录;

② 当前目录;

③ Windows 系统目录;

④ Windows 目录;

⑤ Path 环境变量中的目录。

如果正在调用的函数的名称不是一个有效的 VisualBasic 过程名,或与应用程序中其他项的名称冲突,那么需要使用 Alias 关键字指示正在调用的函数的实名。

3. 参数和数据类型声明

参数变量表部分用于声明参数及其数据类型。

这一部分非常具有挑战性,因为 C/C++ 使用的数据类型与 Visual Basic 的数据类型并不是一一对应的。不过,也可以通过将参数转换为可兼容的数据类型(称为"封送处理"的过程)实现。

例如,假设文件 C/C++ 语言开发的动态链接库 add.dll 中存在以下函数原型:

```
int __stdcall Add(int a, int b);
```

则在 Visual Basic 中,对应的函数声明为

```
Public Declare Auto Function Add Lib "add.dll" (ByVal a As Integer, ByVal b As Integer) As Integer
```

通过此声明语句将函数 Add()声明到 Visual Basic 中便可直接调用。

4. ByVal/ByRef 关键字

在 Visual Basic 中按值传递方式通过关键字 ByVal(By Value)实现,也就是说,在定义通用过程时,如果形参前面有关键字 ByVal,则该参数用传值方式传送,否则以引用(即 ByRef 按地址)方式传递。

对于 libmodbus 开发库,以函数 modbus_new_rtu()为例进行对应的转换。

函数原型：

```
MODBUS_API modbus_t * __stdcall modbus_new_rtu(const char * device,int baud,
char parity,int data_bit,int stop_bit);
```

转换后的函数：

```
PublicDeclareAutoFunctionmodbus_new_rtuLib"modbus.dll"_
        (ByValdeviceAsByte(),ByValbaudAsInteger,
        ByValparityAsByte,ByValdata_bitAsInteger,
        ByValstop_bitAsInteger)AsIntPtr
```

　　其中，对于参数 device，在 C/C++ 语言中类型为 const char *，即一个字符串指针，等价于 Visual Basic 中的一个字节数组；那么为什么不使用 Visual Basic 中既存的 Sring 或者 Char 类型匹配呢，因为 Visual Basic 中的 String 类型默认是 Unicode 表示方式的，每个字符占用 2 字节，与 const char * 不匹配，这一点要特别引起注意。

　　另外，函数的返回值在 C/C++ 原型中是一个 modbus_t * 指针类型。对于一般做法，需要在 Visual Basic 中定义一个 modbus_t 结构体，然后将函数返回值指向这个结构体。而在 Visual Basic 中将函数返回值直接声明为 IntPtr 类型，这是一种异常巧妙的声明方法。

　　对于 IntPtr 类型，MSDN 上有如下解释。

　　IntPtr 类型用于表示指针或句柄的平台特定类型，其实说出了这样两个事实，IntPtr 可以用来表示指针或句柄，而且它是一个平台特定类型。

　　依照以上函数 modbus_new_rtu() 的处理方式，可以在 Visual Basic 2015 中将各常用的导出函数进行声明，以方便使用。

　　切换到 Visual Studio 2015 主界面，在新建的工程项目名上右击，在弹出的菜单上依次选择【Add】→【New Item】项，弹出添加文件类型对话框，如图 9-9 所示。

　　在图 9-9 中选择【Module】项，输入文件名 libmodbus.vb，单击【Add】按钮添加导入函数的模块文件。

　　在文件 libmodbus.vb 中添加如下内容：

```
1  Imports System
2  Imports System.Text
3  Imports Microsoft.VisualBasic
4
5  Module libmodbus
6
7  'RTU 模式创建的关联函数
```

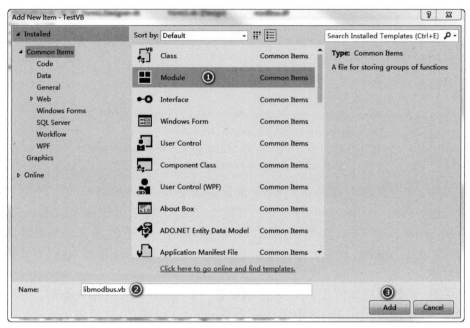

图 9-9　添加函数描述文件模块

```
8   Public Declare Auto Function modbus_new_rtu Lib "modbus.dll" _
9   (ByVal device As Byte(), ByVal baud As Integer,
10   ByVal parity As Byte, ByVal data_bit As Integer,
11   ByVal stop_bit As Integer) As IntPtr
12
13  'TCP 模式创建的关联函数
14  Public Declare Auto Function modbus_new_tcp Lib "modbus.dll" _
15  (ByVal ip_address As Byte(), ByVal port As Integer) As IntPtr
16
17  '共通的操作函数
18  Public Declare Auto Function modbus_set_slave Lib "modbus.dll" _
19  (ByVal ctx As IntPtr, ByVal slave As Integer) As Integer
20
21  Public Declare Auto Function modbus_connect Lib "modbus.dll" _
22  (ByVal ctx As IntPtr) As Integer
23
24  Public Declare Auto Function modbus_read_bits Lib "modbus.dll" _
25  (ByVal ctx As IntPtr, ByVal addr As Integer, ByVal nb As Integer,
26   ByVal dest() As Byte) As Integer
```

```
27
28  Public Declare Auto Function modbus_read_input_bits Lib "modbus.dll" _
29  (ByVal ctx As IntPtr, ByVal addr As Integer, ByVal nb As Integer,
30   ByVal dest() As Byte) As Integer
31
32  Public Declare Auto Function modbus_read_registers Lib "modbus.dll" _
33  (ByVal ctx As IntPtr, ByVal addr As Integer, ByVal nb As Integer,
34   ByVal dest() As UInt16) As Integer
35  Public Declare Auto Function modbus_read_input_registers Lib "modbus.dll" _
36  (ByVal ctx As IntPtr, ByVal addr As Integer, ByVal nb As Integer,
37   ByVal dest() As UInt16) As Integer
38
39  Public Declare Auto Function modbus_write_bit Lib "modbus.dll" _
40  (ByVal ctx As IntPtr, ByVal coil_addr As Integer,
41   ByVal status As Integer) As Integer
42
43  Public Declare Auto Function modbus_write_register Lib "modbus.dll" _
44  (ByVal ctx As IntPtr, ByVal reg_addr As Integer,
45   ByVal value As Integer) As Integer
46
47  Public Declare Auto Function modbus_write_bits Lib "modbus.dll" _
48  (ByVal ctx As IntPtr, ByVal coil_addr As Integer,
49   ByVal nb As Integer, ByVal data() As Byte) As Integer
50
51  Public Declare Auto Function modbus_write_registers Lib "modbus.dll" _
52  (ByVal ctx As IntPtr, ByVal addr As Integer,
53   ByVal nb As Integer, ByVal data() As UInt16) As Integer
54
55  Public Declare Auto Function modbus_write_and_read_registers Lib "modbus.dll"_
56  (ByVal ctx As IntPtr, ByVal write_addr As Integer,
57   ByVal write_nb As Integer, ByVal src() As UInt16,
58   ByVal read_addr As Integer, ByVal read_nb As Integer,
59   ByVal dest() As UInt16) As Integer
60
61  Public Declare Auto Function modbus_close Lib "modbus.dll" _
62  (ByVal ctx As IntPtr) As Integer
63  Public Declare Auto Function modbus_free Lib "modbus.dll" _
64  (ByVal ctx As IntPtr) As Integer
65
66  End Module
67
68
```

文件 libmodbus.vb 添加完毕之后,可以在 Visual Basic 中直接调用 modbus. dll 中的各接口函数。

9.4.3　调用 libmodbus 库函数

现在,试着在 Visual Basic 中直接调用 libmodbus 开发库的接口函数。

在工程项目文件列表中双击画面资源文件(如 Form1.vb)进入资源编辑框,并拖放一个【按钮】类型的控件到对话框窗体,如图 9-10 所示。

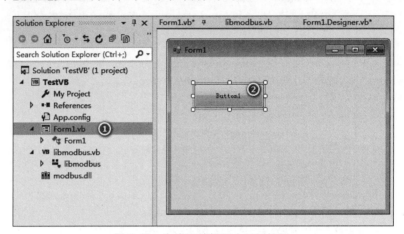

图 9-10　在资源编辑器中添加按钮

按钮位置和大小调整完毕后,双击按钮控件,并添加如下参考代码。

```vb
1  Imports System
2  Imports System.Text
3  Imports Microsoft.VisualBasic
4  Public Class Form1
5      Private Sub Button1_Click_1(sender As Object, e As EventArgs)
6                          Handles Button1.Click
7          Dim rc As Integer
8
9          '创建一个 Modbus RTU 容器
10         Dim port As [Byte]() =System.Text.Encoding.ASCII.GetBytes("COM3")
11         Dim ctx As IntPtr =modbus_new_rtu(port, 19200, Asc("N"), 8, 1)
12
13         '设置从设备地址为 17
14         rc =modbus_set_slave(ctx, 17)
15
```

```vbnet
16      '打开并连接串口
17      rc =modbus_connect(ctx)
18
19      '循环写线圈寄存器 0~50
20      For i =0 To 50
21          Dim status As Integer =i Mod 2
22          rc =modbus_write_bit(ctx, i, status)
23      Next
24
25      '读取线圈寄存器 0~19
26      Dim dest(30) As Byte
27      rc =modbus_read_bits(ctx, 0, 20, dest)
28
29      '连续写线圈寄存器 0~4
30      Dim data(5) As Byte
31      data(0) =1
32      data(1) =1
33      data(2) =0
34      data(3) =0
35      data(4) =1
36      rc =modbus_write_bits(ctx, 0, 5, data)
37
38      '写保持寄存器地址 10,值为 &H2233
39      rc =modbus_write_register(ctx, 10, &H2233)
40
41      '连续写保持寄存器地址 10~14
42      Dim dataReg(10) As UInt16
43      dataReg(0) =&H1111
44      dataReg(1) =&H2222
45      dataReg(2) =&H3333
46      dataReg(3) =&H4444
47      dataReg(4) =&H5555
48      rc =modbus_write_registers(ctx, 10, 5, dataReg)
49
50      '连续读保持寄存器地址 10~14
51      Dim destReg(10) As UInt16
52      rc =modbus_read_registers(ctx, 10, 5, destReg)
53
54      '关闭并释放
55      modbus_close(ctx)
56      modbus_free(ctx)
```

57	
58	End Sub
59	End Class

以上代码演示了基本 Modbus 读写功能码的使用，注意其中这条语句：

```
Dim port As [Byte]() =System.Text.Encoding.ASCII.GetBytes("COM3")
```

因为 Visual Basic 2015 中默认的字符串均为 Unicode 编码，而 libmodbus 开发库采用的是 ASCII 编码，因此在使用前需要通过这条语句对"COM3"进行转换。

代码加入完毕之后，在各接口函数上按 F9 键设置断点，如图 9-11 所示。

同样，为测试 Modbus 通信是否正常，需要使用 Modbus Slave 模拟从端设备。具体的设置方法可参考前面章节的内容。

设置 Modbus Slave 工具之后，切换到 Visual Basic 2015 主界面，按 F5 键启动程序调试，当运行到断点处时，可按 F10 键单步执行。执行的过程中，可以将鼠标放在需要观察的变量上方，如图 9-12 所示，通过此种方式可以与 Modbus Slave 中寄存器的对应值进行对比。

至此，基于 Visual Basic 2015 的 libmodbus 开发范例程序全部完成。

至于更加丰富的应用，例如为应用程序增加编辑框、列表框或其他更复杂的配置窗口及其他 GUI 功能等，可以结合此范例程序进一步扩充，留给读者自行完成。

图 9-11　设置调试断点

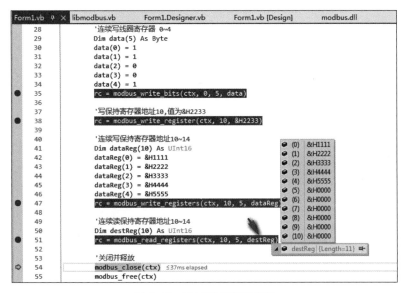

```
28        '连续写线圈寄存器 0~4
29        Dim data(5) As Byte
30        data(0) = 1
31        data(1) = 1
32        data(2) = 0
33        data(3) = 0
34        data(4) = 1
35        rc = modbus_write_bits(ctx, 0, 5, data)
36
37        '写保持寄存器地址10,值为&H2233
38        rc = modbus_write_register(ctx, 10, &H2233)
39
40        '连续写保持寄存器地址10~14
41        Dim dataReg(10) As UInt16
42        dataReg(0) = &H1111
43        dataReg(1) = &H2222
44        dataReg(2) = &H3333
45        dataReg(3) = &H4444
46        dataReg(4) = &H5555
47        rc = modbus_write_registers(ctx, 10, 5, dataReg)
48
49        '连续读保持寄存器地址10~14
50        Dim destReg(10) As UInt16
51        rc = modbus_read_registers(ctx, 10, 5, destReg)
52
53        '关闭并释放
54        modbus_close(ctx)   ≤37ms elapsed
55        modbus_free(ctx)
```

图 9-12　通过断点观察数据

第 10 章

Visual C♯ 中使用 libmodbus

第 9 章为扩大 libmodbus 开发库的应用范围对 libmodbus 开发库进行了改造，生成了新的 DLL 动态链接库。本章继续使用 Visual C# 2015 并基于 libmodbus 开发库完成一个 Modbus 协议通信的范例程序。

10.1 开发 Visual C♯ 程序

通常使用 Visual C♯ 开发应用程序,主要用于开发客户端(Client)或者主设备端(Master),能够主动发起通信,对 Modbus 服务端或从设备端进行参数设置的修改或者监控各种数据。

下面给出一个范例,用来实现 Visual C♯ 程序调用 libmodbus 库函数。

10.1.1 创建新项目

启动 Visual Studio 2015,依次选择菜单项【File】→【New】→【Project】,在弹出的对话框中依次选择【Visual C♯】→【Windows】→【Windows Forms Application】项并输入项目名,如 TestCS 等,如图 10-1 所示。

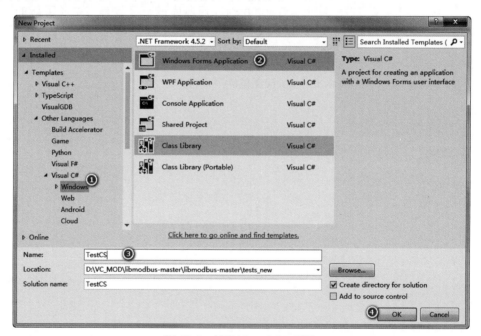

图 10-1 创建 Visual C# 项目

单击【OK】按钮,生成一个空白项目。

复制前面章节中改造 libmodbus 代码后生成的 modbus.dll 文件到此 Visual C♯ 项目目录下,复制完毕后切换到 Visual Basic 2015 主界面。在项目名上右击,在弹出的菜单中依次选择【Add】→【Existing Item】项,如图 10-2 所示。

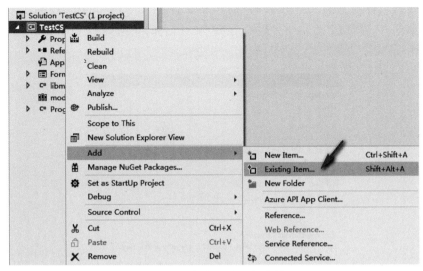

图 10-2　添加既存项目文件

如图 10-3 所示，在弹出的对话框中依次选择文件，并添加 libmodbus 工程项目生成的库文件 modbus.dll，添加完毕后切换到 Visual C♯ 2015 主界面。

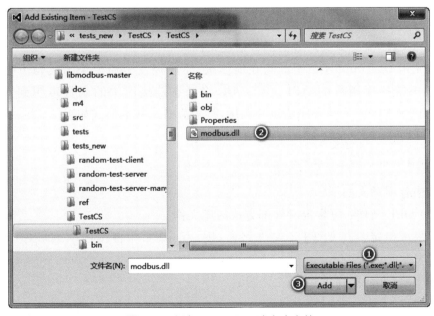

图 10-3　添加 libmodbus 动态库文件

切换到工程项目的文件列表属性页，在文件例表中的 modbus.dll 上右击，在弹出的菜单中选择【Properties】项，在属性对话框中选择【Copy always】项，如图 10-4 所示。

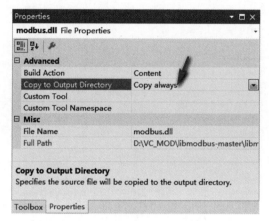

图 10-4　设置 modbus.dll 文件属性

10.1.2　添加函数描述文件

同样，与 C/C++ 语言中提供的头文件类似，为了在 Visual C♯ 中使用 DLL 动态链接库文件，需要提供对应的函数描述文件。

首先用 DLLImport 声明语句在窗体级、模块级或全局模块的代码声明段对 DLL 动态链接库函数的 API 进行声明，将动态链接库中的函数声明到 Visual C♯ 中，以供 Visual C♯ 程序认识并调用，其语法格式基本形式如下。

```
[DLLImport("DLL 文件")]
修饰符 extern 返回变量类型 方法名称 (参数列表)
```

其中各项意义如下。

（1）DLL 文件：包含定义外部方法的库文件。

如果未指定具体的 DLL 文件路径，则 Visual C♯ 将按照下列顺序查找该文件：

① EXE 文件所在的目录；

② 当前目录；

③ Windows 系统目录；

④ Windows 目录；

⑤ Path 环境变量中的目录。

（2）修饰符：访问修饰符，除了 abstract 以外在声明方法时可以使用的修饰符。

（3）返回变量类型：在 DLL 文件中需要调用方法的返回变量类型。

（4）方法名称：在 DLL 文件中需要调用方法的名称。

（5）参数列表：在 DLL 文件中需要调用方法的参数列表，包括类型声明。

同样，这一部分非常具有挑战性，因为 C/C++ 使用的数据类型与 Visual C# 的数据类型并不是完全一一对应的。不过，也可以通过将参数转换为可兼容的数据类型（称为"封送处理"的过程）实现。

需要注意的是，需要在程序声明中使用 System.Runtime.InteropServices 命名空间，而且 DllImport 语句只能放置在方法声明之上。DLL 文件必须位于程序当前目录或系统定义的查询路径中（即系统环境变量中 Path 所设置的路径），返回变量类型、方法名称、参数列表一定要与 DLL 文件中的定义相一致或者兼容。

（6）若要在 Visual C# 中使用其他函数名，则可以使用 EntryPoint 属性设置，如：

```
[DllImport("user32.dll", EntryPoint ="MessageBoxA")]
static extern int MsgBox(int hWnd, string msg, string caption, int type);
```

则可以在 Visual C# 中使用 MsgBox() 函数代替 MessageBoxA() 函数。

（7）其他可选的 DllImportAttribute 属性，如 CharSet 指示用在入口点中的字符集，CharSet＝CharSet.Ansi；用来变换字符串。

对于 libmodbus 开发库，以函数 modbus_new_rtu() 为例进行对应的转换。

C/C++ 语言中的函数原型如下：

```
MODBUS_APImodbus_t * __stdcallmodbus_new_rtu(constchar * device,intbaud,
charparity,intdata_bit,intstop_bit);
```

C# 中转换后的对应函数如下：

```
[DllImport("modbus.dll",EntryPoint ="modbus_new_rtu",CharSet=CharSet.
Ansi)]
publicstaticexternIntPtrmodbus_new_rtu(stringdevice,intbaud,
            charparity,intdata_bit,intstop_bit);
```

其中，对于参数 device，在 C/C++ 语言中类型为 const char *，即一个字符串指针，等价于 Visual C# 中的一个字符串 string 类型；但是 string 在 Visual C# 中默认为 Unicode 模式，每个字符占用 2 字节，与 const char * 不匹配，所以需要设置属性

CharSet＝CharSet.Ansi，这一点要特别引起注意。

另外，函数的返回值在 C/C++ 原型中是一个 modbus_t ＊指针类型。对于一般做法，需要在 Visual C♯ 中定义一个 modbus_t 结构体，然后将函数返回值指向这个结构体。这里在 Visual C♯ 中将函数返回值直接声明为 IntPtr 类型，这是一种异常巧妙的声明方法。

对于 IntPtr 类型，MSDN 上有如下解释。

IntPtr 类型用于表示指针或句柄的平台特定类型，其实说出了这样两个事实，IntPtr 可以用来表示指针或句柄，而且它是一个平台特定类型。

依照以上函数 modbus_new_rtu() 的处理方式，可以在 Visual C♯ 2015 中将各常用的导出函数进行声明，以方便使用。

切换到 Visual Studio 2015 主界面，在新建的工程项目名上右击，在弹出的菜单中依次选择【Add】→【New Item】项，并弹出添加文件类型对话框，如图 10-5 所示。

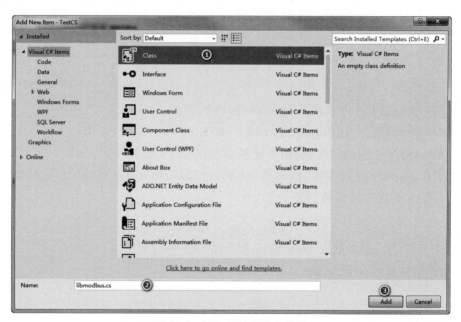

图 10-5　添加函数描述文件类

在图 10-5 中选择【Class】项，输入文件名 libmodbus.cs，单击【Add】按钮添加导入函数的类文件。

需要注意的是，C♯ 语言中不再有全局变量、函数或者常量等内容，所有东西都封装在类(Class)中。因此,为了能够访问 libmodbus 开发库提供的接口 API 函数,需要定义一个静态类,并在类中定义静态函数,相当于全局函数,如同系统内嵌库函数 Math.Abs(int a)调用方法一样,方便在程序中使用。

在文件 libmodbus.cs 中添加如下内容。

```
1   using System;
2   using System.Text;
3   using System.Runtime.InteropServices;          //必须引用的命名空间
4
5   namespace System
6   {
7       public static class libmodbus                //静态的 libmodbus 类
8       {
9           //RTU 模式创建的关联函数
10          [DllImport("modbus.dll", EntryPoint ="modbus_new_rtu",
11                  CharSet =CharSet.Ansi)]
12          public static extern IntPtr modbus_new_rtu(string device, int baud,
13                  char parity, int data_bit, int stop_bit);
14
15          //TCP 模式创建的关联函数
16          [DllImport("modbus.dll", EntryPoint ="modbus_new_tcp",
17                  CharSet =CharSet.Ansi)]
18          public static extern IntPtr modbus_new_tcp(string ip_address, int port);
19
20          //共通的操作函数
21          [DllImport("modbus.dll", EntryPoint ="modbus_set_slave",
22                  CharSet =CharSet.Ansi)]
23          public static extern int modbus_set_slave(IntPtr ctx, int slave);
24
25          [DllImport("modbus.dll", EntryPoint ="modbus_connect",
26                  CharSet =CharSet.Ansi)]
27          public static extern int modbus_connect(IntPtr ctx);
28
29          [DllImport("modbus.dll", EntryPoint ="modbus_read_bits",
30                  CharSet =CharSet.Ansi)]
31          public static extern int modbus_read_bits(IntPtr ctx, int addr,
32                  int nb, byte[] dest);
33
34          [DllImport("modbus.dll", EntryPoint ="modbus_read_input_bits",
35                  CharSet =CharSet.Ansi)]
36          public static extern int modbus_read_input_bits(IntPtr ctx,
```

```
37                      int addr, int nb, byte[] dest);
38
39          [DllImport("modbus.dll", EntryPoint ="modbus_read_registers",
40                  CharSet =CharSet.Ansi)]
41          public static extern int modbus_read_registers(IntPtr ctx,
42                  int addr, int nb, UInt16[] dest);
43
44          [DllImport("modbus.dll", EntryPoint ="modbus_read_input_registers",
45                  CharSet =CharSet.Ansi)]
46          public static extern int modbus_read_input_registers(IntPtr ctx,
47                  int addr, int nb, UInt16[] dest);
48
49          [DllImport("modbus.dll", EntryPoint ="modbus_write_bit",
50                  CharSet =CharSet.Ansi)]
51          public static extern int modbus_write_bit(IntPtr ctx,
52                  int coil_addr, int status);
53
54          [DllImport("modbus.dll", EntryPoint ="modbus_write_register",
55                  CharSet =CharSet.Ansi)]
56          public static extern int modbus_write_register(IntPtr ctx,
57                  int reg_addr, int value);
58
59          [DllImport("modbus.dll", EntryPoint ="modbus_write_bits",
60                  CharSet =CharSet.Ansi)]
61          public static extern int modbus_write_bits(IntPtr ctx,
62                  int coil_addr, int nb, byte[] status);
63
64          [DllImport("modbus.dll", EntryPoint ="modbus_write_registers",
65                  CharSet =CharSet.Ansi)]
66          public static extern int modbus_write_registers(IntPtr ctx,
67                  int reg_addr, int nb, UInt16[] status);
68
69          [DllImport("modbus.dll", EntryPoint ="modbus_write_and_read_registers",
70                  CharSet =CharSet.Ansi)]
71          public static extern int modbus_write_and_read_registers(IntPtr ctx,
72                  int write_addr, int write_nb, UInt16[] src,
73                  int read_addr, int read_nb, UInt16[] dest);
74
75          [DllImport("modbus.dll", EntryPoint ="modbus_close",
76                  CharSet =CharSet.Ansi)]
77          public static extern void modbus_close(IntPtr ctx);
```

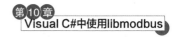

```
78
79          [DllImport("modbus.dll", EntryPoint ="modbus_free",
80              CharSet =CharSet.Ansi)]
81          public static extern void modbus_free(IntPtr ctx);
82      }
83 }
```

文件 libmodbus.cs 添加完毕之后，可以在 Visual C♯ 中直接调用 modbus.dll 中的各接口函数。

10.1.3 调用 libmodbus 库函数

现在，开始试着在 Visual C♯ 中直接调用 libmodbus 开发库的接口函数。

在工程项目文件列表中双击资源文件（如 Form1.cs）进入资源编辑框，并拖放一个【按钮】类型的控件到对话框窗体，如图 10-6 所示。

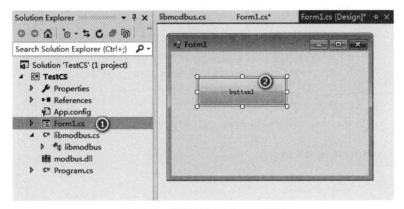

图 10-6 资源编辑器中添加按钮

按钮位置和大小调整完毕后，双击按钮控件，添加如下参考代码。

```
1 using System;
2 using System.Collections.Generic;
3 using System.ComponentModel;
4 using System.Data;
5 using System.Drawing;
6 using System.Linq;
7 using System.Text;
8 using System.Threading.Tasks;
9 using System.Windows.Forms;
```

```
10
11    namespace TestCS
12    {
13        public partial class Form1 : Form
14        {
15            public Form1()
16            {
17                InitializeComponent();
18            }
19
20            private void button1_Click(object sender, EventArgs e)
21            {
22                int rc;
23
24                //创建一个 Modbus RTU 容器
25                string device = "COM3";
26                IntPtr ctx = libmodbus.modbus_new_rtu(device, 19200, 'N', 8, 1);
27
28                //创建一个 Modbus TCP 容器
29                //注释掉上面 RTU 的创建语句,打开下列语句可测试 TCP 模式
30                //IntPtr ctx = libmodbus.modbus_new_tcp("127.0.0.1", 1502);
31
32                //设置从设备地址为 17
33                rc = libmodbus.modbus_set_slave(ctx, 17);
34
35                //打开并连接串口
36                rc = libmodbus.modbus_connect(ctx);
37
38                //循环写线圈寄存器 0~50
39                for (int i = 0; i <= 50; i++)
40                {
41                    rc = libmodbus.modbus_write_bit(ctx, i, i %2);
42                }
43
44                //读取线圈寄存器 0~19
45                byte[] dest = new byte[30];
46                rc = libmodbus.modbus_read_bits(ctx, 0, 20, dest);
47
48                //连续写线圈寄存器 0~4
49                byte[] data = new byte[] { 1, 1, 0, 0, 1 };
50                rc = libmodbus.modbus_write_bits(ctx, 0, 5, data);
```

```
51
52          //写保持寄存器地址 10,值为 0x2233
53          rc = libmodbus.modbus_write_register(ctx, 10, 0x2233);
54
55          //连续写保持寄存器地址 10~14
56          UInt16[] dataReg=new UInt16[]{0x1111,0x2222,0x333,0x4444,0x5555};
57          rc = libmodbus.modbus_write_registers(ctx, 10, 5, dataReg);
58
59          //连续读保持寄存器地址 10~14
60          UInt16[] destReg =new UInt16[10];
61          rc = libmodbus.modbus_read_registers(ctx, 10, 5, destReg);
62
63          //关闭并释放
64          libmodbus.modbus_close(ctx);
65          libmodbus.modbus_free(ctx);
66      }
67   }
68 }
```

以上代码演示了 Modbus 基本读写功能码的使用,具体内容可参考代码中的注释部分。

代码加入完毕之后,在各接口函数上按 F9 键设置断点,如图 10-7 所示。

图 10-7　设置调试断点

同样，为了测试 Modbus 通信是否正常，需要使用 Modbus Slave 模拟从端设备。具体的设置方法可参考前面章节的内容。需要特别注意 RTU 模式和 TCP 模式下不同的连接设置选项。

在代码中，下列语句可以分别设置 RTU 模式或 TCP 模式通信。

```
//创建一个 Modbus RTU 容器
//stringdevice="COM3";
//IntPtr ctx =libmodbus.modbus_new_rtu(device, 19200, 'N', 8, 1);

//创建一个 Modbus TCP 容器
//注释掉上面 RTU 的创建语句，打开下列语句可测试 TCP 模式
IntPtrctx=libmodbus.modbus_new_tcp("127.0.0.1", 1502);
```

设置 Modbus Slave 工具之后，切换到 Visual C♯ 2015 主界面，按【F5】键启动程序调试，当程序运行到断点处时，可按【F10】键单步执行。执行的过程中，可以将鼠标放在需要观察的变量上方，如图 10-8 所示，通过此种方式可以与 Modbus Slave 中寄存器的对应值进行对比观察。

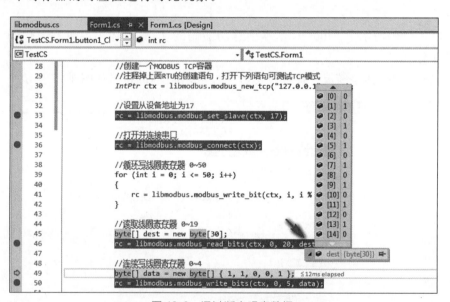

图 10-8　通过断点观察数据

至此，基于 Visual C♯ 2015 的 libmodbus 开发范例程序已全部完成。至于更加丰富的应用，例如为应用程序增加编辑框、列表框、其他更复杂的配置窗口及 GUI 功能等，可结合此程序进一步扩充，读者可根据实际需求自行完成。

10.2　基于 C♯ 的 NModbus 类库

10.2.1　什么是 NModbus 类库

提到 C♯ 下的 Modbus 开发库,就不得不提到另一个大名鼎鼎的 NModbus 开发库,因为许多读者对 C/C++ 语言比较陌生,所以这里对 NModbus 做一番简单介绍,以便于读者根据情况自行使用。

NModbus 是使用 C♯ 语言开发的 Modbus 通信协议库,它是由一群志愿者开发、维护的软件,并且可以免费使用,其主页是 https://github.com/NModbus4/NModbus4,可以直接下载源代码阅读和应用。

NModbus 类库支持以下 4 种功能:

- Modbus/RTU Master/Slave;
- Modbus/ASCII Master/Slave;
- Modbus/TCP Client/Server;
- Modbus/UDP Client/Server。

首先访问 NModbus 官方 GitHub 网站 https://github.com/NModbus4/NModbus4,下载最新版本的源代码。如图 10-9 所示,单击【Clone or download】按钮,再单击【Download ZIP】按钮,即可自动下载最新版本的源代码。

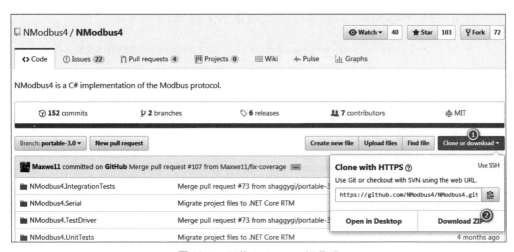

图 10-9　下载 NModbus 源代码

源代码下载完毕,解压下载的 zip 文件即可查看所有源代码,另外,NModbus

开发库提供了帮助文件以及例子代码。

10.2.2　NModbus 类库用法

作为补充知识,这里只简单介绍 NModbus 类库的使用方法。

1. 添加 NModbus 到工程项目

将 NModbus 类库导入新建的工程中,添加引用和命名空间,需要注意的是,工程属性必须配置为.NET 4.0 版本。

2. 创建通信对象

如果是串口通信,则创建 SerialPort 类的一个实例并配置参数,打开串口,如:

```
public SerialPort port =new SerialPort("COM1");          //创建串口
port.BaudRate =9600;                                     //配置波特率
port.DataBits =8;                                        //配置数据位
port.Parity =Parity.None;                                //配置奇偶校验
port.StopBits =StopBits.One;                             //配置停止位
port.Open();                                             //打开串口
```

如果是 TCP 通信模式,则创建 TCP 对象,如:

```
public TcpClient client =new TcpClient("127.0.0.1", 502);   //创建 TCP 对象
```

3. 调用相应方法创建 Modbus 主站

创建 RTU 传输模式、通过串口 port 通信的主站 master 对象:

```
IModbusSerialMaster master =ModbusSerialMaster.CreateRtu(port);
```

创建 ASCII 传输模式:

```
IModbusSerialMaster master =ModbusSerialMaster.CreateAscii(port);
```

创建 TCP 传输模式:

```
ModbusIpMaster master =ModbusIpMaster.CreateIp(client);
```

4. 配置参数

例如:

```
master.Transport.ReadTimeout =1000;              //读取串口数据超时为 1000ms
master.Transport.WriteTimeout =1000;             //写入串口数据超时
master.Transport.Retries =3;                     //重试次数
master.Transport.WaitToRetryMilliSeconds =250;   //重试间隔
```

5. 调用相应方法执行功能

例如：

```
try {
    master.WriteMultipleRegisters(slaveId, startAddress, registers);
}
```

支持以下几种功能。

- bool[] ReadCoils（byte slaveAddress，ushort startAddress，ushort numberOfPoints）；

读线圈状态，参数分别为从站地址（8位）、起始地址（16位）、数量（16位）；返回布尔型数组。

- bool[] ReadInputs（byte slaveAddress，ushort startAddress，ushort numberOfPoints）；

读输入离散量，参数分别为从站地址（8位）、起始地址（16位）、数量（16位）；返回布尔型数组。

- ushort[] ReadHoldingRegisters(byte slaveAddress，ushort startAddress，ushort numberOfPoints)；

读保持寄存器，参数分别为从站地址（8位）、起始地址（16位）、数量（16位）；返回16位整型数组。

- ushort[] ReadInputRegisters（byte slaveAddress，ushort startAddress，ushort numberOfPoints）；

读输入寄存器，参数分别为从站地址（8位）、起始地址（16位）、数量（16位）；返回16位整型数组。

- void WriteSingleCoil（byte slaveAddress，ushort coilAddress，bool value）；

写单个线圈，参数分别为从站地址（8位）、线圈地址（16位）、线圈值（布尔型）。

- void WriteSingleRegister（byte slaveAddress，ushort registerAddress，ushort value）；

写单个寄存器，参数分别为从站地址（8位）、寄存器地址（16位）、寄存器值（16位）。

- void WriteMultipleRegisters（byte slaveAddress，ushort startAddress，ushort[] data）；

写多个寄存器,参数分别为从站地址(8 位)、起始地址(16 位)、寄存器值(16
位整型数组)。

- void WriteMultipleCoils(byte slaveAddress, ushort startAddress, bool[]
  data);

写多个线圈,参数分别为从站地址(8 位)、起始地址(16 位)、线圈值(布尔型
数组)。

- ushort[] ReadWriteMultipleRegisters (byte slaveAddress, ushort startRead-
  Address, ushort numberOfPointsToRead, ushort startWriteAddress, ushort[]
  writeData);

读写多个寄存器,参数分别为从站地址(8 位)、读起始地址(16 位)、数量(16
位)、写起始地址(16 位)、写入值(16 位整型数组);返回 16 位整型数组。

6. 使用 catch 语句捕捉异常

如果执行正确,则不会抛出异常。如果执行读操作,则能得到相应的返回值。
如果响应超时,则会抛出 TimeoutException 类型的异常。

主设备接收到从站设备的异常响应时会抛出 SlaveException 类型的异常,此
类异常包含 SlaveExceptionCode 属性,即异常码,通过判断异常码能得知出错的
原因。

同样,NModbus 类库也可以进行从设备的开发,举例如下。

```
1   /// <summary>
2   ///     Simple Modbus TCP slave example
3   /// </summary>
4   public static void StartModbusTcpSlave()
5   {
6       byte slaveId =1;
7       int port =502;
8       IPAddress address =new IPAddress(new byte[] { 127, 0, 0, 1 });
9
10      // create and start the TCP slave
11      TcpListener slaveTcpListener =new TcpListener(address, port);
12      slaveTcpListener.Start();
13
14      ModbusSlave slave =ModbusTcpSlave.CreateTcp(slaveId, slaveTcpListener);
15      slave.DataStore =DataStoreFactory.CreateDefaultDataStore();
16
17      slave.ListenAsync().GetAwaiter().GetResult();
18
```

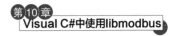

```
19    // prevent the main thread from exiting
20    Thread.Sleep(Timeout.Infinite);
21 }
```

读者可参考以上示例进一步完善。

第 11 章
打造自己的 Modbus 调试工具

　　前面的章节针对 libmodbus 开发了一系列范例程序，读者基本掌握了 libmodbus 开发库的用法，并且进一步理解了 Modbus 通信协议的特点。

　　另外，在开发范例程序的过程中会发现经常需要使用诸如 Modbus Poll 和 Modbus Slave 等辅助调试工具，用于验证 Modbus 通信消息是否正确。 但是，Modbus Poll 和 Modbus Slave 都属于共享软件，价格都在上百美元，在未购买的情况下有使用时间或功能限制，这该怎么办呢？ 其实，我们完全可以开发出自己的 Modbus 辅助调试工具。

11.1 开发自己的 Modbus Poll

下面给出一个范例，借助于 libmodbus 开发库打造自己的简化版 Modbus Poll 辅助工具。想一想，是不是有点小激动？

11.1.1 软件需求分析

首先定一个小目标，开发一个简化版的 Modbus Poll，能够方便调试 Modbus 通信，支持 RTU 模式和 TCP 模式，支持以下最常用的 Modbus 功能码。

- 01：Read coil status——读线圈状态。
- 02：Read input status——读输入状态。
- 03：Read holding register——读保持寄存器。
- 04：Read input registers——读输入寄存器。
- 05：Force single coil——强制单线圈。
- 06：Preset single register——预置单（保持）寄存器。
- 15：Force multiple coils——强制写多线圈。
- 16：Preset multiple registers——预置写多个（保持）寄存器。

RTU 模式下支持设置串口参数，如串口号、波特率、数据位、停止位、校验位等；TCP 模式下支持设置 IP 地址和端口号。

另外，如果采用图形化界面，则将花费较大的篇幅过多地关注于 GUI 部分的代码编写，为了不影响关注重点，这里采用命令行方式进行开发，假设程序命名为 modpoll.exe，命令行设定规则如下：

```
modpoll.exe [--debug] [-m {rtu|tcp}] [-a<slave-addr=1>] [-c<read-no>=1]
    [-r<start-addr>=100] [-t<f-type>] [-o<timeout-ms>=1000]
        [{rtu-params|tcp-params}] serialport|host [<write-data>]
```

命令行各参数的意义如下。

- [--debug]：设置为 debug 模式，在 debug 模式下将以十六进制方式打印通信数据。
- [-m {rtu|tcp}]：选择 RTU 或 TCP 模式，如-mrtu、-mtcp 等。
- [-a<slave-addr=1>]：从设备地址，省略则默认为 1。
- [-c<read-no>=1]：读/写寄存器的个数，省略则默认为 1。
- [-r<start-addr>=100]：寄存器起始地址，省略则默认起始地址为 100。
- [-t<f-type>]：功能码的取值，范围是 $0x01/0x02/0x03/0x04/0x05/0x06/$

0x0F/0x10。

- [-o<timeout-ms>=1000]：设置超时毫秒数,省略则默认为1000ms。
- [{rtu-params|tcp-params}]：设置串口或者TCP配置参数。

RTU模式下包括：

b<baud-rate>=9600   波特率,默认为9600;

d{7|8}<data-bits>=8   数据位,默认为8;

s{1|2}<stop-bits>=1   停止位,默认为1;

p{none|even|odd}=even   校验位,默认为even偶校验。

TCP模式下,为p<port>=502设置端口号。

- serialport|host：设置串口号或者IP地址,如COM1、COM2或127.0.0.
  1等。
- [<write-data>]：写功能码的情况下需要写入的数据,可以为十进制或者
  十六进制,多个数据的情况下,可在各数据间用空格隔开。

具体的使用方法举例如下。

写数据(TCP方式)：

```
modpoll --debug -mtcp -t0x10 -r0 -p1502 127.0.0.1 0x01 0x02 0x03
```

写数据(RTU方式)：

```
modpoll --debug -mrtu -t0x06 -r10 -b19200 COM3 0x33
```

读数据(TCP方式)：

```
modpoll --debug -mtcp -t0x03 -r0 -c3 -p1502 127.0.0.1
```

读数据(RTU方式)：

```
modpoll --debug -mrtu -t0x03 -r0 -c3 -b19200 COM3
```

至此,软件功能需求基本分析完毕,下面开始讲解具体的开发过程。

11.1.2　命令行解析功能

看了前面需求提到的复杂的命令行解析功能,可能很多人会立马开始发怵,其实大可不必。Linux下的程序往往都提供了复杂的命令行参数处理机制,因为这是与其他程序或用户进行交互的主要手段,在这样的情况下难能可贵的是,为了减轻开发人员对命令行处理的负担,Linux提供了系统函数getopt()或getopt_long()专门解析命令行参数。

在 Linux 系统中,函数 getopt()和 getopt_long()位于 unistd.h 系统头文件中,其原型分别为

```
int getopt(int argc,char * const argv[],const char * optstring);
int getopt_long(int argc, char * const argv[],const char * optstring,
const struct option * longopts, int * longindex);
```

其中,参数 argc 和 argv 是由主函数 main()传递的参数个数和内容。参数 optstring 代表欲处理的选项字符串。此函数会返回 argv 中的下一个选项字母,此字母对应参数 optstring 中的字母。如果选项字符串中的字母后连接着冒号":",则表示还有相关的参数,全域变量 optarg 即会指向此额外参数。如果 getopt()找不到符合的参数,则会打印出错信息,并将全域变量 optopt 设为"?"字符。如果不希望 getopt()打印出错信息,则只要将全域变量 opterr 设为 0 即可。

参数可简单划分为短参数和长参数两种类型,getopt()使用 optstring 所指的字符串作为短参数列表,如"1ac:d::"就是一个短参数列表。短参数的定义是一个"-"后面紧跟一个字母或数字,如-a、-b 就是一个短参数,每个数字或字母定义一个参数。

长参数形如"--debug",前面有两个"-"符号,后面可添加多个字母或数字。getopt_long()函数包含 getopt()函数的功能,并且可以指定"长参数"(或者说长选项)。与 getopt()函数相比,getopt_long()比 getopt()多了两个参数。

此函数的基本用法如下(在 Linux 下)。

```
1  # include <stdio.h>
2  # include <unistd.h>
3
4  int main(int argc, int * argv[])
5  {
6      int ch;
7      opterr = 0;
8      // getopt()可用 getopt_long()替换
9
10     while ((ch =getopt(argc, argv, "a:bcde")) !=-1)
11     {
12         switch(ch)
13         {
14         case 'a':
15             printf("option a:'%s'\n", optarg);
16             break;
17         case 'b':
```

```
18              printf("option b :b\n");
19              break;
20          default:
21              printf("other option :%c\n", ch);
22          }
23      }
24      printf("optopt +%c\n", optopt);
25  }
```

以上作为参照,可见调用函数 getopt()或 getopt_long()可以非常方便地解析命令行。但遗憾的是,如此方便的函数在 Windows 下却没有提供,怎么办呢？当然有办法了。既然函数 getopt()和 getopt_long()是 GNU C 中的函数,那么源代码就可以根据情况直接移植到 Windows 下。接下来简要介绍一下移植方法,掌握一点新技能,如果你对这部分没有兴趣,则可以跳过,直接看后面的内容。

首先访问 GNU C Library (glibc)的主页 http://www.gnu.org/software/libc/,下载最新的 glibc 库,当前最新版本是 glibc-2.24.tar.gz,下载完毕后解压。

提取解压后的目录\glibc-2.24\posix\下的 4 个源文件 getopt.h、getopt.c、getopt_int.h、getopt_init.c,如图 11-1 所示。

启动 Visual Studio 2015,选择菜单项【File】→【New】→【Project】,创建一个新的默认工程项目,项目类型为【Visual C++】→【Win32 Console Application】,请参考第 7 章的内容。创建新的默认工程项目之后,切换到资源管理器界面,将以上 4 个文件复制到新项目所在的目录,并添加到工程项目,如图 11-2 所示。

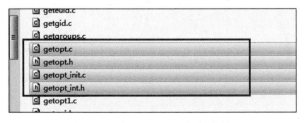

图 11-1　提取 getopt()相关文件

图 11-2　添加 getopt()源文件

文件添加完毕后,我们试着编译一下看看,果不其然,文件 getopt.c 出现了编译错误:

```
getopt.c(71): fatal error C1083: Cannot open include file: 'gettext.h': No
such file or directory
```

首先需要修改的是没有 gettext.h 这个头文件的问题。修改方法为直接将其注释掉或删除,然后修改后面的宏定义。

将下面的原始代码(大概在第 70 行)

```
1  #ifdef _LIBC
2  #include <libintl.h>
3  #else
4  #include "gettext.h"
5  #define _(msgid) gettext (msgid)
6  #endif
```

修改为

```
1  #ifdef _LIBC
2  #include <libintl.h>
3  #else
4  #define _(msgid) (msgid)
5  #endif
```

修改完毕,继续编译一下看看,会发现出现如下编译错误,如图 11-3 所示。

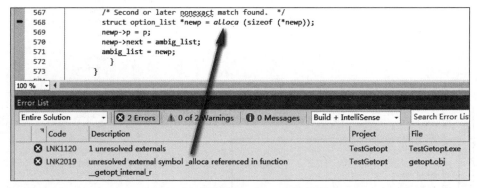

图 11-3　编译错误 alloca 无法识别

错误的文字描述为

```
getopt. c (568): warning C4013: ' alloca ' undefined; assuming extern
returning int
error LNK2019: unresolved external symbol _alloca referenced in function _
_getopt_internal_r
```

可以发现,这里出错的原因是 alloca 这个函数没有定义,那么 alloca 函数是什么意思呢? 原来,alloca 是一个内存分配函数,与 malloc、calloc、realloc 类似,但是需要注意一个重要的区别,alloca 函数是在栈(stack)上申请空间,用完马上就释放。

一般情况下,函数 alloca 包含在头文件 malloc.h 中,在某些系统中被定义为内部函数_alloca 的宏定义。既然已经知道原型了,那么修改 alloca 为_alloca 即可解决问题,如图 11-4 所示。

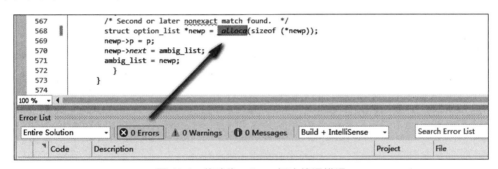

图 11-4 修改为_alloca 解决编译错误

继续添加 getopt_long()和 getopt_long_only()的定义,这两个函数在 getopt.h 文件中声明过了,但是其定义在 getopt1.c 中,可以直接将 getopt1.c 文件拿过来用,但是因为这个文件中的内容不多,所以为了减少文件的数量,直接将其中有用的部分复制到 getopt.c 文件中是一个不错的主意。

文件 getopt1.c 中要复制的内容如下。

```
1  int
2  getopt_long (int argc, char * const * argv, const char * options,
3              const struct option * long_options, int * opt_index)
4  {
5      return _getopt_internal (argc, argv, options, long_options, opt_index, 0, 0);
6  }
7
8  int
9  _getopt_long_r (int argc, char * const * argv, const char * options,
```

```
10              const struct option * long_options, int * opt_index,
11              struct _getopt_data * d)
12  {
13      return _getopt_internal_r(argc, argv, options, long_options, opt_index,
14                          0, d, 0);
15  }
16
17  /* Like getopt_long, but '-' as well as '--' can indicate a long option.
18     If an option that starts with '-' (not '--') doesn't match a long option,
19     but does match a short option, it is parsed as a short option
20     instead. */
21
22  int
23  getopt_long_only (int argc, char * const * argv, const char * options,
24                  const struct option * long_options, int * opt_index)
25  {
26      return _getopt_internal(argc, argv, options, long_options, opt_index, 1, 0);
27  }
28
29  int
30  _getopt_long_only_r (int argc, char * const * argv, const char * options,
31                  const struct option * long_options, int * opt_index,
32                  struct _getopt_data * d)
33  {
34      return _getopt_internal_r(argc, argv, options, long_options, opt_index,
35                          1, d, 0);
36  }
```

将以上代码复制到文件 getopt.c 中函数 getopt()的定义之后即可。修改完毕后编译，一切 OK！至此，函数 getopt()移植结束。经过上面的修改，可以进行一些简单的测试。测试用例不用自己写了，在 getopt.c 和 getopt1.c 文件中都有，直接拿过来用就可以了。

至此，重新生成的 4 个文件 getopt.h、getopt.c、getopt_int.h、getopt_init.c 就是需要的命令行解析源代码文件，可以用在 Windows 系统下。

11.1.3 创建应用程序并调试

经过一系列准备工作，现在可以开始创建自己的 modpoll 应用程序了。首先清点一下目前我们已经拥有的资源，包括：

- libmodbus 开发库，包括 DLL 动态链接库和相关头文件；

- getopt()和 getopt_long()函数相关的源代码。

首先启动 Visual Studio 2015,选择菜单项【File】→【New】→【Project】,创建一个新的工程项目,如图 11-5 所示。

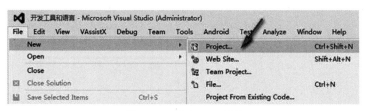

图 11-5 新建工程项目

在弹出的新建对话框中选择【Visual C ++ 】→【Win32 Console Application】项,输入应用程序名 modpoll,并选择项目存储的目录位置,设置完毕后单击【OK】按钮,如图 11-6 所示。

如图 11-7 所示,在接下来的对话框中分别选择【Console application】【Empty project】,取消选择【Security Development Lifecycle checks】项,单击【Finish】按钮,此时将创建一个空的控制台工程项目。

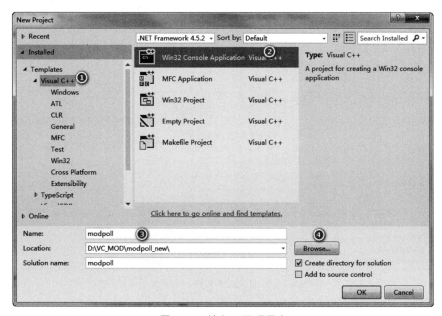

图 11-6 输入工程项目名

创建新的工程项目完毕之后,切换到资源管理器界面,找到前面章节编译的

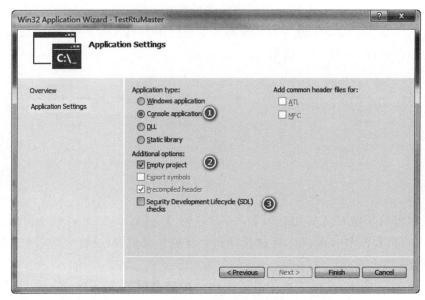

图 11-7　配置工程项目

libmodbus 开发库文件,将 libmodbus 开发库项目生成的 lib 和 dll 文件,以及必需的头文件复制到新项目所在目录;另外,将与前面命令行解析函数 getopt()和 getopt_long()相关联的 4 个文件 getopt.h、getopt.c、getopt_int.h、getopt_init.c 也复制到项目目录下,如图 11-8 所示。

名称	修改日期	类型
getopt.c	2016/10/19 13:15	C Source
getopt.h	2016/8/2 10:01	C/C++ Header
getopt_init.c	2016/8/2 10:01	C Source
getopt_int.h	2016/8/2 10:01	C/C++ Header
modbus.dll	2016/8/8 15:24	应用程序扩展
modbus.h	2016/7/19 3:15	C/C++ Header
modbus.lib	2016/8/8 15:24	Object File Library
modbus-rtu.h	2016/7/19 3:15	C/C++ Header
modbus-tcp.h	2016/8/23 15:26	C/C++ Header
modbus-version.h	2016/8/8 14:46	C/C++ Header
modpoll.vcxproj	2016/10/19 14:29	VC++ Project
modpoll.vcxproj.filters	2016/10/19 14:29	VC++ Project Filte...

图 11-8　复制 libmodbus 库文件和 getopt()关联文件

复制库文件和源文件完毕之后,切换到 Visual Studio 2015 主界面。在项目【Source Files】上右击,选择菜单项【Add】→【Existing Item】项,然后添加文件 modbus.h 和 modbus.lib 以及与命令行解析函数 getopt()和 getopt_long()相关联

的 4 个文件 getopt.h、getopt.c、getopt_int.h、getopt
_init.c 到项目列表中。

添加完毕后如图 11-9 所示。至此即可在自己
的应用程序中使用 libmodbus 提供的各接口函数，
同时可以使用 getopt()和 getopt_long()函数解析
命令行参数。

在软件需求分析阶段已知，对于 RTU 和 TCP
两种模式，串口参数的设置以及对 TCP 端口的设
置方法是不同的，因此有必要通过构建 struct 数据
结构的方式分别处理。同时，对于 modbus_t 数据
结构的创建、删除、释放等工作，可以进一步包装成
一个单独的文件。切换到 Visual Studio 2015 主界
面，然后在项目文件列表框的【Source Files】项上

图 11-9　项目文件列表

右击，选择菜单项【Add】→【New Item】。在弹出的对话框中输入文件名 mod_
common.h，单击【Add】按钮完成添加，如图 11-10 所示。

在新文件中输入以下代码。

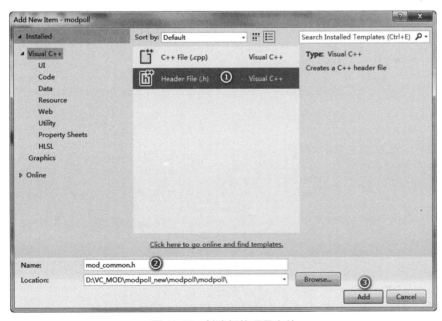

图 11-10　创建新的项目文件

```
1    #ifndef MOD_COMMON_H
2    #define MOD_COMMON_H
3
4    #include <string.h>
5    #include <stdio.h>
6
7    typedef enum
8    {
9        NONE,
10       TCP_T,
11       RTU_T
12   } ConnType;
13   //从字符串获取整数
14   int getInt(const char str[], int * ok)
15   {
16       int value;
17       int ret = sscanf(str, "0x%x", &value);
18       if (0 >= ret)//couldn't convert from hex, try dec
19       {
20           ret = sscanf(str, "%d", &value);
21       }
22
23       if (0 != ok)
24       {
25           * ok = (0 < ret);
26       }
27
28       return value;
29   }
30   //参数结构体
31   typedef struct
32   {
33       ConnType type;
34
35       void ( * del)(void * backend);
36
37       //common client/server functions
38       int ( * setParam)(void * backend, char c, char * value);
39       modbus_t * ( * createCtxt)(void * backend);
40
```

```
41      //server functions
42      int (*listenForConnection)(void * backend, modbus_t * ctx);
43      void (*closeConnection)(void * backend);
44  } BackendParams;
45
46  typedef struct
47  {
48      BackendParams base;
49      char devName[32];
50      int baud;
51      int dataBits;
52      int stopBits;
53      char parity;
54  } RtuBackend;                        //RTU 参数结构体
55
56  int setRtuParam(void * backend, char c, char * value)
57  {
58      RtuBackend * rtuParams =(RtuBackend *)backend;
59      int ok =1;
60
61      switch (c)
62      {
63      case 'b':
64      {
65          rtuParams->baud =getInt(value, &ok);
66          if (0 ==ok)
67          {
68              printf("Baudrate is invalid %s", value);
69              ok =0;
70          }
71      }
72      break;
73      case 'd':
74      {
75          int db =getInt(value, &ok);
76          if (0 ==ok || (7 !=db && 8 !=db))
77          {
78              printf("Data bits incorrect (%s)", value);
79              ok =0;
```

```
80              }
81          else
82              rtuParams->dataBits =db;
83      }
84  break;
85  case 's':
86  {
87      int sb =getInt(value, &ok);
88      if (0 ==ok || (1 !=sb && 2 !=sb))
89      {
90          printf("Stop bits incorrect (%s)", value);
91          ok =0;
92      }
93      else
94          rtuParams->stopBits =sb;
95  }
96  break;
97  case 'p':
98  {
99      if (0 ==strcmp(value, "none"))
100     {
101         rtuParams->parity ='N';
102     }
103     else if (0 ==strcmp(value, "even"))
104     {
105         rtuParams->parity ='E';
106     }
107     else if (0 ==strcmp(value, "odd"))
108     {
109         rtuParams->parity ='O';
110     }
111     else
112     {
113         printf("Unrecognized parity (%s)", value);
114         ok =0;
115     }
116 }
117 break;
118 default:
119     printf("Unknown rtu param (%c: %s) \n\n", c, value);
120     ok =0;
```

```
121          }
122
123          return ok;
124  }
125
126  modbus_t * createRtuCtxt(void * backend)
127  {
128          RtuBackend * rtu = (RtuBackend *)backend;
129          modbus_t * ctx = modbus_new_rtu(rtu->devName, rtu->baud,
130                     rtu->parity, rtu->dataBits, rtu->stopBits);
131
132          return ctx;
133  }
134
135  void delRtu(void * backend)
136  {
137          RtuBackend * rtu = (RtuBackend *)backend;
138          free(rtu);
139  }
140
141  int listenForRtuConnection(void * backend, modbus_t * ctx)
142  {
143          (void)backend;
144          (void)ctx;
145
146          printf("Connecting...\r\n");
147          return (0 == modbus_connect(ctx));
148  }
149  void closeRtuConnection(void * backend)
150  {
151          (void)backend;
152  }
153
154  BackendParams * createRtuBackend()
155  {
156          RtuBackend * rtu = (RtuBackend *)malloc(sizeof(RtuBackend));
157          rtu->base.type = RTU_T;
158          rtu->base.setParam = &setRtuParam;
159          rtu->base.createCtxt = &createRtuCtxt;
160          rtu->base.listenForConnection = &listenForRtuConnection;
161          rtu->base.closeConnection = &closeRtuConnection;
```

```
162        rtu->base.del = &delRtu;
163
164        strcpy(rtu->devName, "");
165        rtu->baud = 9600;
166        rtu->dataBits = 8;
167        rtu->stopBits = 1;
168        rtu->parity = 'E';
169
170        return (BackendParams *) rtu;
171    }
172
173    typedef struct
174    {
175        BackendParams base;
176        char ip[32];
177        int port;
178
179        int clientSocket;
180    } TcpBackend;              //TCP参数结构体
181
182    int setTcpParam(void * backend, char c, char * value)
183    {
184        TcpBackend * tcp = (TcpBackend *) backend;
185
186        int ok = 1;
187
188        switch (c)
189        {
190
191        case 'p':
192        {
193            tcp->port = getInt(optarg, &ok);
194            if (0 == ok)
195            {
196                printf("Port parameter %s is not integer!\n\n", optarg);
197            }
198        }
199        break;
200
201        default:
202            printf("Unknown tcp param (%c: %s) \n\n", c, value);
```

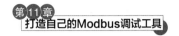

```
203          ok = 0;
204      }
205
206      return ok;
207  }
208
209  modbus_t * createTcpCtxt(void * backend)
210  {
211      TcpBackend * tcp = (TcpBackend *)backend;
212      modbus_t * ctx = modbus_new_tcp(tcp->ip, tcp->port);
213
214      return ctx;
215  }
216
217  void delTcp(void * backend)
218  {
219      TcpBackend * tcp = (TcpBackend *)backend;
220      free(tcp);
221  }
222
223  int listenForTcpConnection(void * backend, modbus_t * ctx)
224  {
225      TcpBackend * tcp = (TcpBackend *)backend;
226      tcp->clientSocket = modbus_tcp_listen(ctx, 1);
227      if (-1 == tcp->clientSocket)
228      {
229          printf("Listen returned %d (%s)\n",
230                  tcp->clientSocket, modbus_strerror(errno));
231          return 0;
232      }
233      modbus_tcp_accept(ctx, &(tcp->clientSocket));
234      return 1;
235  }
236
237  void closeTcpConnection(void * backend)
238  {
239      TcpBackend * tcp = (TcpBackend *)backend;
240      if (tcp->clientSocket != -1)
241      {
242          close(tcp->clientSocket);
243          tcp->clientSocket = -1;
```

```
244        }
245  }
246
247  BackendParams * createTcpBackend()
248  {
249      TcpBackend * tcp = (TcpBackend *)malloc(sizeof(TcpBackend));
250      tcp->clientSocket = -1;
251      tcp->base.setParam = &setTcpParam;
252      tcp->base.createCtxt = &createTcpCtxt;
253      tcp->base.del = &delTcp;
254      tcp->base.listenForConnection = &listenForTcpConnection;
255      tcp->base.closeConnection = &closeTcpConnection;
256
257      tcp->base.type = TCP_T;
258      strcpy(tcp->ip, "0.0.0.0");
259      tcp->port = 502;
260
261      return (BackendParams *)tcp;
262  }
263
264  #endif //MOD_COMMON_H
```

其中,最重要的两个函数是 BackendParams * createRtuBackend() 和 BackendParams * createTcpBackend(),它们分别用于创建 RTU 和 TCP 模式下的后台结构体。

下面开始创建主函数 main() 所在的文件。切换到 Visual Studio 2015 主界面,然后在项目列表框的【Source Files】项上右击,选择菜单项【Add】→【New Item】。在弹出的对话框中输入文件名 modpoll.c(注意是 c 文件),然后单击【Add】按钮完成添加。

在新文件中输入以下代码。

```
1  #include <stdio.h>
2  #include <stdlib.h>
3  #include <string.h>
4  #include <stdint.h>
5
6  #include "modbus.h"
7  #include "errno.h"
```

```
 8   #include "getopt.h"
 9   #include "mod_common.h"
10   //定义选项
11   const char DebugOpt[] = "debug";
12   const char TcpOptVal[] = "tcp";
13   const char RtuOptVal[] = "rtu";
14
15   typedef enum
16   {
17       //定义功能码
18       FuncNone = -1,
19       ReadCoils = 0x01,
20       ReadDiscreteInput = 0x02,
21       ReadHoldingRegisters = 0x03,
22       ReadInputRegisters = 0x04,
23       WriteSingleCoil = 0x05,
24       WriteSingleRegister = 0x06,
25       WriteMultipleCoils = 0x0f,
26       WriteMultipleRegisters = 0x10
27   } FuncType;
28
29   //打印帮助说明
30   void printUsage(const char progName[])
31   {
32       printf("%s [--%s] [-m {rtu|tcp}] [-a<slave-addr=1>] [-c<read-no>=1]\n\t"\
33           "[-r<start-addr>=100] [-t<f-type>] [-o<timeout-ms>=1000]\n\t"\
34           "[{rtu-params|tcp-params}] serialport|host [<write-data>]\n",
35           progName, DebugOpt);
36       printf("NOTE: if first reference address starts at 0, set -0\n");
37       printf("f-type:\n" \
38           "\t(0x01) Read Coils, (0x02) Read Discrete Inputs\n" \
39           "\t(0x03) Read Holding Registers, (0x04) Read Input Registers\n"\
40           "\t(0x05) Write Single Coil, (0x06) WriteSingle Register\n" \
41           "\t(0x0F) WriteMultipleCoils, (0x10) Write Multiple register\n");
42       printf("rtu-params:\n" \
43           "\tb<baud-rate>=9600\n" \
```

```
44        "\td{7|8}<data-bits>=8\n" \
45        "\ts{1|2}<stop-bits>=1\n" \
46        "\tp{none|even|odd}=even\n");
47     printf("tcp-params:\n" \
48        "\tp<port>=502\n");
49     printf("Examples (run with default mbServer at port 1502): \n" \
50        "\tWrite data: \t%s --debug -mtcp -t0x10 -r0 -p1502 127.0.0.1 0x01 0x02\n"\
51        "\tRead that data:\t%s --debug -mtcp -t0x03 -r0 -p1502 127.0.0.1 -c3\n",
52           progName, progName);
53  }
54
55  int main(int argc, char * * argv)
56  {
57     int c;
58     int ok;
59
60     int debug = 0;
61     BackendParams * backend = 0;
62     int slaveAddr = 1;
63     int startAddr = 100;
64     int startReferenceAt0 = 0;
65     int readWriteNo = 1;
66     int fType = FuncNone;
67     int timeout_ms = 1000;
68     int hasDevice = 0;
69
70     int isWriteFunction = 0;
71     enum WriteDataType
72     {
73         DataInt,
74         Data8Array,
75         Data16Array
76     } wDataType = DataInt;
77     union Data
78     {
79         int dataInt;
80         uint8_t * data8;
81         uint16_t * data16;
82     } data;
83
84     while (1)
```

```
85      {
86          int option_index = 0;
87          static struct option long_options[] =
88          {
89              { DebugOpt, no_argument, 0, 0 },
90              { 0, 0, 0, 0 }
91          };
92
93          //命令行解析
94          c = getopt_long(argc, argv, "a:b:d:c:m:r:s:t:p:o:0",
95                  long_options, &option_index);
96          if (c == -1)
97          {
98              break;
99          }
100
101         //根据参数读取配置值
102         switch (c)
103         {
104         case 0:
105             if (0 == strcmp(long_options[option_index].name, DebugOpt))
106             {
107                 debug = 1;
108             }
109             break;
110
111         case 'a':
112         {
113             slaveAddr = getInt(optarg, &ok);
114             if (0 == ok)
115             {
116                 printf("Slave address (%s) is not integer!\n\n", optarg);
117                 printUsage(argv[0]);
118                 exit(EXIT_FAILURE);
119             }
120         }
121         break;
122
123         case 'c':
124         {
125             readWriteNo = getInt(optarg, &ok);
```

```
126          if (0 ==ok)
127          {
128                 printf("#elements to read/write (%s) is not integer!\n\n", optarg);
129                 printUsage(argv[0]);
130                 exit(EXIT_FAILURE);
131          }
132       }
133     break;
134
135   case 'm':
136       //创建 TCP 或 RTU 模式
137       if (0 ==strcmp(optarg, TcpOptVal))
138       {
139        backend =createTcpBackend((TcpBackend *)malloc(sizeof(TcpBackend)));
140       }
141       else if (0 ==strcmp(optarg, RtuOptVal))
142        backend =createRtuBackend((RtuBackend *)malloc(sizeof(RtuBackend)));
143       else
144       {
145              printf("Unrecognized connection type %s\n\n", optarg);
146              printUsage(argv[0]);
147              exit(EXIT_FAILURE);
148       }
149       break;
150
151   case 'r':
152       {
153          startAddr =getInt(optarg, &ok);
154          if (0 ==ok)
155          {
156              printf("Start address (%s) is not integer!\n\n", optarg);
157              printUsage(argv[0]);
158              exit(EXIT_FAILURE);
159          }
160       }
161     break;
162
163   case 't':
164       {
165          fType =getInt(optarg, &ok);
166          if (0 ==ok)
```

```
167                {
168                    printf("Function type (%s) is not integer!\n\n", optarg);
169                    printUsage(argv[0]);
170                    exit(EXIT_FAILURE);
171                }
172            }
173        break;
174
175        case 'o':
176        {
177            timeout_ms =getInt(optarg, &ok);
178            if (0 ==ok)
179            {
180                printf("Timeout (%s) is not integer!\n\n", optarg);
181                printUsage(argv[0]);
182                exit(EXIT_FAILURE);
183            }
184            printf("Timeout set to %d\r\n", timeout_ms);
185        }
186        break;
187
188        case '0':
189            startReferenceAt0 =1;
190            break;
191        //tcp/rtu params
192        case 'p':
193        case 'b':
194        case 'd':
195        case 's':
196            if (0 ==backend)
197            {
198                printf("Connect type (-m switch) has to be set!\n");
199                printUsage(argv[0]);
200                exit(EXIT_FAILURE);
201            }
202            else
203            {
204                if (0 ==backend->setParam(backend, c, optarg))
205                {
206                    printUsage(argv[0]);
207                    exit(EXIT_FAILURE);
```

```
208              }
209            }
210         break;
211      case '?':
212         break;
213
214      default:
215         printf("?? getopt return char code 0%o ??\n", c);
216      }
217   }
218
219   if (0 ==backend)
220   {
221      printf("Help:\n");
222      printUsage(argv[0]);
223      exit(EXIT_FAILURE);
224   }
225
226   if (1 ==startReferenceAt0)
227   {
228      startAddr--;
229   }
230
231   //choose write data type
232   switch (fType)
233   {
234   case(ReadCoils) :
235      wDataType =Data8Array;
236      break;
237   case(ReadDiscreteInput) :
238      wDataType =DataInt;
239      break;
240   case(ReadHoldingRegisters) :
241   case(ReadInputRegisters) :
242      wDataType =Data16Array;
243      break;
244   case(WriteSingleCoil) :
245   case(WriteSingleRegister) :
246      wDataType =DataInt;
247      isWriteFunction =1;
248      break;
```

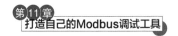

```
249      case(WriteMultipleCoils) :
250          wDataType = Data8Array;
251          isWriteFunction = 1;
252          break;
253      case(WriteMultipleRegisters) :
254          wDataType = Data16Array;
255          isWriteFunction = 1;
256          break;
257      default:
258          printf("No correct function type chose\n");
259          printUsage(argv[0]);
260          exit(EXIT_FAILURE);
261      }
262
263      if (isWriteFunction)
264      {
265          int dataNo = argc - optind - 1;
266          readWriteNo = dataNo;
267      }
268
269      //申请 buffer
270      switch (wDataType)
271      {
272      case (DataInt) :
273          //no need to alloc anything
274          break;
275      case (Data8Array) :
276          data.data8 = malloc(readWriteNo * sizeof(uint8_t));
277          break;
278      case (Data16Array) :
279          data.data16 = malloc(readWriteNo * sizeof(uint16_t));
280          break;
281      default:
282          printf("Data alloc error!\n");
283          exit(EXIT_FAILURE);
284      }
285
286      int wDataIdx = 0;
287      if (1 == debug && 1 == isWriteFunction)
288          printf("Data to write: ");
289      if (optind < argc)
```

```
290    {
291        while (optind <argc)
292        {
293            if (0 ==hasDevice)
294            {
295                if (0 !=backend)
296                {
297                    if (RTU_T ==backend->type)
298                    {
299                        RtuBackend * rtuP = (RtuBackend * )backend;
300                        strcpy(rtuP->devName, argv[optind]);
301                        hasDevice =1;
302                    }
303                    else if (TCP_T ==backend->type)
304                    {
305                        TcpBackend * tcpP = (TcpBackend * )backend;
306                        strcpy(tcpP->ip, argv[optind]);
307                        hasDevice =1;
308                    }
309                }
310            }
311            else                              //设置写入数据 buffer
312            {
313                switch (wDataType)
314                {
315                case (DataInt) :
316                    data.dataInt =getInt(argv[optind], 0);
317                    if (debug)
318                        printf("0x%x", data.dataInt);
319                    break;
320                case (Data8Array) :
321                    {
322                        data.data8[wDataIdx] =getInt(argv[optind], 0);
323                        if (debug)
324                            printf("0x%02x ", data.data8[wDataIdx]);
325                    }
326                    break;
327                case (Data16Array) :
328                    {
329                        data.data16[wDataIdx] =getInt(argv[optind], 0);
330                        if (debug)
```

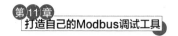

```
331                        printf("0x%04x ", data.data16[wDataIdx]);
332                    }
333                    break;
334                    }
335                    wDataIdx++;
336                }
337            optind++;
338        }
339    }
340    if (1 ==debug && 1 ==isWriteFunction)
341        printf("\n");
342
343    //create modbus context, and preapare it
344    modbus_t * ctx =backend->createCtxt(backend);
345    modbus_set_debug(ctx, debug);
346    modbus_set_slave(ctx, slaveAddr);
347
348    //issue the request
349    int ret =-1;
350    if (modbus_connect(ctx) ==-1)
351    {
352        fprintf(stderr, "Connection failed: %s\n",
353                modbus_strerror(errno));
354        modbus_free(ctx);
355        return -1;
356    }
357    else
358    {
359        switch (fType)
360        {
361        case(ReadCoils) :
362            ret =modbus_read_bits(ctx, startAddr, readWriteNo, data.data8);
363            break;
364        case(ReadDiscreteInput) :
365            printf("ReadDiscreteInput: not implemented yet!\n");
366            wDataType =DataInt;
367            break;
368        case(ReadHoldingRegisters) :
369            ret =modbus_read_registers(ctx,startAddr,readWriteNo,data.data16);
370            break;
371        case(ReadInputRegisters) :
```

```
372            ret =modbus_read_input_registers(ctx, startAddr, readWriteNo,
                   data.data16);
373          break;
374      case(WriteSingleCoil) :
375          ret =modbus_write_bit(ctx, startAddr, data.dataInt);
376          break;
377      case(WriteSingleRegister) :
378          ret =modbus_write_register(ctx, startAddr, data.dataInt);
379          break;
380      case(WriteMultipleCoils) :
381          ret =modbus_write_bits(ctx, startAddr, readWriteNo, data.data8);
382          break;
383      case(WriteMultipleRegisters) :
384          ret =modbus_write_registers(ctx, startAddr, readWriteNo, data.data16);
385          break;
386      default:
387          printf("No correct function type chosen");
388          printUsage(argv[0]);
389          exit(EXIT_FAILURE);
390      }
391    }
392
393    if (ret ==readWriteNo) //success
394    {
395      if (isWriteFunction)
396          printf("SUCCESS: written %d elements!\n", readWriteNo);
397      else
398      {
399          printf("SUCCESS: read %d of elements:\n\tData: ", readWriteNo);
400          int i =0;
401          if (DataInt ==wDataType)
402          {
403              printf("0x%04x\n", data.dataInt);
404          }
405          else
406          {
407              const char Format8[] ="0x%02x ";
408              const char Format16[] ="0x%04x ";
409              const char * format=((Data8Array ==wDataType)?Format8:Format16);
410              for (; i <readWriteNo; ++i)
```

```
411              {
412                  printf(format, (Data8Array ==wDataType) ?
413                      data.data8[i] : data.data16[i]);
414              }
415              printf("\n");
416          }
417      }
418  }
419  else
420  {
421      printf("ERROR occured!\n");
422      modbus_strerror(errno);
423  }
424
425  //cleanup
426  modbus_close(ctx);
427  modbus_free(ctx);
428  backend->del(backend);
429
430  switch (wDataType)
431  {
432  case (DataInt) :
433      //nothing to be done
434      break;
435  case (Data8Array) :
436      free(data.data8);
437      break;
438  case (Data16Array) :
439      free(data.data16);
440      break;
441  }
442
443  exit(EXIT_SUCCESS);
444 }
```

注：以上代码参考了 https://github.com/Krzysztow/modbus-utils 中的部分代码,源代码已停止更新,且只适用于 Linux 系统,新代码进行了移植并修改了若干错误。

代码添加完毕之后编译成功,运行通过。为了测试通信是否正常,使用 Modbus Slave 模拟从端设备进行通信,这部分可以参考前面章节的内容。从此以后,我们就可以使用自己开发的 Modbus 调试工具 modpoll.exe 进行通信测试了。

如图 11-11 所示,测试和使用时,libmodbus 动态链接库 modbus.dll 需要与 modpoll.exe 放在同一目录下。

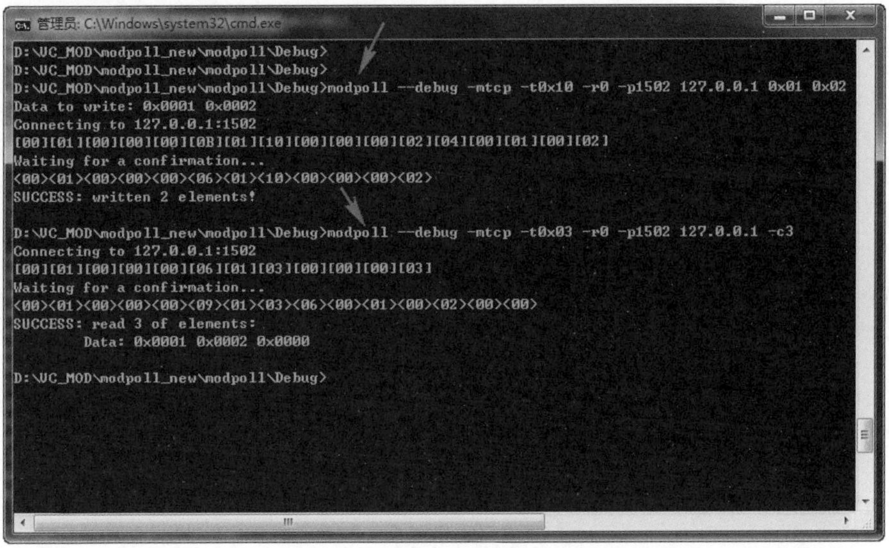

图 11-11　modpoll.exe 通信测试

11.2　开发自己的 Modbus Slave

在 11.1 节中,我们借助于 libmodbus 开发库打造出了简化版 Modbus Poll 辅助工具,本节将进一步打造简化版 Modbus Slave 辅助工具。

11.2.1　软件需求分析

同样地,先定一个小目标——开发一个简化版的 Modbus Slave,能够方便调试 Modbus 通信,支持 RTU 模式和 TCP 模式,支持以下常用的 Modbus 功能码。

- 01:Read coil status——读线圈状态。
- 02:Read input status——读输入状态。
- 03:Read holding register——读保持寄存器。
- 04:Read input registers——读输入寄存器。
- 05:Force single coil——强制单线圈。
- 06:Preset single register——预置单(保持)寄存器。
- 15:Force multiple coils——强制写多线圈。

- 16：Preset multiple registers——预置写多个（保持）寄存器。

RTU 模式下支持设置串口参数，如串口号、波特率、数据位、停止位、校验位等；TCP 模式下支持设置 IP 地址和端口号等基本功能。

同样，为了不影响关注重点，这里仍然采用命令行方式进行开发，假设程序名称为 modslave.exe，命令行设定规则如下。

```
modslave.exe [--debug] -m{tcp|rtu} [-a<slave-addr=1>]
            --di<discrete-inputs-no>=100 --co<coils-no>=100
            --ir<input-registers-no>=100
            --hr<holding-registers-no>=100
            [{rtu-params|tcp-params}]serialport|host
```

命令行各参数的意义如下。

- [--debug]：设置为 debug 模式，在 debug 模式下将以十六进制的方式打印通信数据。
- [-m {rtu|tcp}]：选择 RTU 或 TCP 模式，如-mrtu、-mtcp 等。
- [-a<slave-addr=1>]：从设备地址，省略则默认为 1。
- [--di<discrete-inputs-no>=100]：设置离散输入寄存器的个数，省略则默认为 100。
- [--co<coils-no>=100]：设置线圈寄存器的个数，省略则默认为 100。
- [--ir< input-registers-no >= 100]：设置输入寄存器的个数，省略则默认为 100。
- [--hr<holding-registers-no>=100]：设置保持寄存器的个数，省略则默认为 100。
- [{rtu-params|tcp-params}]：设置串口或者 TCP 配置参数。

  RTU 模式下，包括

  b< baud-rate >=9600   波特率，缺省默认为 9600；

  d{7|8}<data-bits>=8   数据位，缺省默认为 8；

  s{1|2}<stop-bits>=1   停止位，缺省默认为 1；

  p{none|even|odd}=even   校验位，缺省默认为 even 偶校验。

  TCP 模式下为 p<port>=502，设置端口号。

- serialport|host：设置串口号或者 IP 地址，如 COM1、COM2 或 127.0.0.1 等。

具体使用方法举例如下。

- TCP 方式：modslave --debug -mtcp -p1502 127.0.0.1。
- RTU 方式：modslave --debug -mrtu -b19200 COM4。

至此，软件功能需求基本分析完毕，下面开始介绍具体的开发过程。

11.2.2　创建应用程序并调试

经过前面一系列的准备工作，现在便可以开始创建自己的 modslave 应用程序了。与开发 modpoll 类似，目前我们已经拥有的资源包括：

- libmodbus 开发库，包括 DLL 动态链接库和相关头文件；
- getopt() 和 getopt_long() 函数相关的源代码。

首先启动 Visual Studio 2015，选择菜单项【File】→【New】→【Project】，创建一个新的工程项目，如图 11-12 所示。

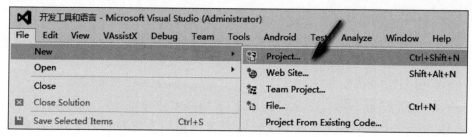

图 11-12　新建工程项目

在弹出的新建对话框中，选择【Visual C++】→【Win32 Console Application】项，输入应用程序名 modslave，并选择项目存储的目录位置，设置完毕后单击【OK】按钮，如图 11-13 所示。

如图 11-14 所示，在接下来的对话框中分别选择【Console application】和【Empty project】项，取消选择【Security Development Lifecycle checks】项，单击【Finish】按钮，此时将创建一个空的控制台工程项目。

新的工程项目创建完毕之后，切换到资源管理器界面，找到前面章节中编译的 libmodbus 开发库文件，将 libmodbus 开发库项目生成的 lib 和 dll 文件，以及必需的头文件复制到新项目所在目录；另外，将前面与命令行解析函数 getopt() 和 getopt_long() 相关联的 4 个文件 getopt.h、getopt.c、getopt_int.h、getopt_init.c 也复制到项目目录下，开发 modpoll 时编写的 mod_common.h 也一同复制，如图 11-15 所示。

复制库文件和源文件完毕，切换到 Visual Studio 2015 主界面。在项目【Source Files】上右击，选择菜单项【Add】→【Existing Item】，然后添加文件 modbus.h 和 modbus.lib 以及与命令行解析函数 getopt() 和 getopt_long() 相关联

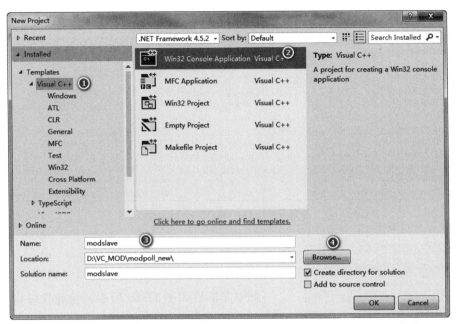

图 11-13　输入工程项目名

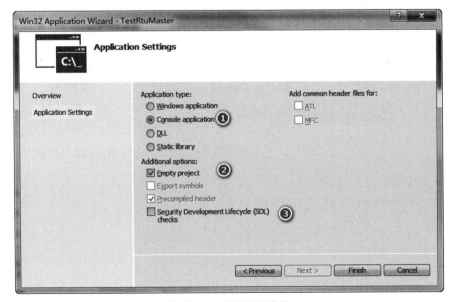

图 11-14　配置工程项目

名称	修改日期	类型
getopt.c	2016/10/19 13:15	C Source
getopt.h	2016/8/2 10:01	C/C++ Header
getopt_init.c	2016/8/2 10:01	C Source
getopt_int.h	2016/8/2 10:01	C/C++ Header
mod_common.h	2016/10/19 15:31	C/C++ Header
modbus.dll	2016/8/8 15:24	应用程序扩展
modbus.h	2016/7/19 3:15	C/C++ Header
modbus.lib	2016/8/8 15:24	Object File Library
modbus-rtu.h	2016/7/19 3:15	C/C++ Header
modbus-tcp.h	2016/8/23 15:26	C/C++ Header
modbus-version.h	2016/8/8 14:46	C/C++ Header
modslave.vcxproj	2016/10/20 9:45	VC++ Project
modslave.vcxproj.filters	2016/10/20 9:45	VC++ Project Filte...

图 11-15　复制 libmodbus 库文件和 getopt()关联文件

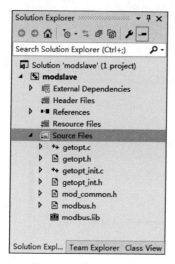

图 11-16　项目文件列表

的 4 个文件 getopt.h、getopt.c、getopt_int.h、getopt_init.c 和 mod_common.h 文件到项目列表中。

　　添加完毕后如图 11-16 所示。至此便可以在自己的应用程序中使用 libmodbus 提供的各接口函数，同时可以使用 getopt()和 getopt_long()函数解析命令行参数。

　　下面开始创建主函数 main()所在的文件。切换到 Visual Studio 2015 主界面，然后在项目列表框的【Source Files】项上右击，选择菜单项【Add】→【New Item】。在弹出的对话框中输入文件名 modslave.c(注意是 c 文件)，单击【Add】按钮完成添加。

　　在新文件 modslave.c 中输入以下代码。

```
1  #include <stdio.h>
2  #include <stdlib.h>
3  #include <errno.h>
4
5  #include "modbus.h"
6  #include "getopt.h"
7  #include "mod_common.h"
8
9  //命令行参数字符串
10 const char DebugOpt[] = "debug";
```

```
11   const char TcpOptVal[] = "tcp";
12   const char RtuOptVal[] = "rtu";
13   const char DiscreteInputsNo[] = "di";
14   const char CoilsNo[] = "co";
15   const char InputRegsNo[] = "ir";
16   const char HoldingRegsNo[] = "hr";
17
18   //打印帮助提示
19   void printUsage(const char progName[])
20   {
21       printf("%s [--%s] -m{tcp|rtu} [-a<slave-addr=1>] \n\t" \
22               "--%s<discrete-inputs-no>=100 --%s<coils-no>=100 \n\t"\
23               "--%s<input-regs-no>=100 --%s<holding-regs-no>=100\n\t"\
24               "[{rtu-params|tcp-params}] serialport|host\n",
25               progName, DebugOpt, DiscreteInputsNo, CoilsNo,
26               InputRegsNo, HoldingRegsNo);
27       printf("rtu-params:\n" \
28               "\tb<baud-rate>=9600\n" \
29               "\td{7|8}<data-bits>=8\n" \
30               "\ts{1|2}<stop-bits>=1\n" \
31               "\tp{none|even|odd}=even\n");
32       printf("tcp-params:\n" \
33               "\tp<port>=502\n");
34   }
35
36   int main(int argc, char * * argv)
37   {
38       int c;
39       int ok;
40
41       modbus_t * ctx;
42       modbus_mapping_t * mb_mapping;
43
44       BackendParams * backend = 0;
45       int slaveAddr = 1;
46       int debug = 0;
47       int diNo = 100;
48       int coilsNo = 100;
49       int irNo = 100;
50       int hrNo = 100;
51
52       while (1)
```

```
53      {
54          int option_index = 0;
55          static struct option long_options[] =
56          {
57              {DebugOpt, no_argument, 0, 0},
58              {DiscreteInputsNo, required_argument, 0, 0},
59              {CoilsNo, required_argument, 0, 0},
60              {InputRegsNo, required_argument, 0, 0},
61              {HoldingRegsNo, required_argument, 0, 0},
62              {0, 0, 0, 0}
63          };
64
65          //解析命令行参数
66          c = getopt_long(argc, argv, "a:b:d:m:s:p:",
67                  long_options, &option_index);
68          if (c == -1)
69          {
70              break;
71          }
72
73          switch (c)
74          {
75          case 0:
76              if (0 == strcmp(long_options[option_index].name, DebugOpt))
77              {
78                  debug = 1;
79              }
80              else if(0==strcmp(long_options[option_index].name,DiscreteInputsNo))
81              {
82                  diNo = getInt(optarg, &ok);
83                  if (0 == ok || diNo < 0)
84                  {
85                      printf("Cannot set discrete inputs no from %s", optarg);
86                      printUsage(argv[0]);
87                      exit(EXIT_FAILURE);
88                  }
89              }
90              else if (0 == strcmp(long_options[option_index].name, CoilsNo))
91              {
92                  coilsNo = getInt(optarg, &ok);
93                  if (0 == ok || coilsNo < 0)
```

```
94                      {
95                          printf("Cannot set discrete coils no from %s", optarg);
96                          printUsage(argv[0]);
97                          exit(EXIT_FAILURE);
98                      }
99                  }
100             else if(0 ==strcmp(long_options[option_index].name, InputRegsNo))
101                 {
102                     irNo =getInt(optarg, &ok);
103                     if (0 ==ok || irNo <0)
104                     {
105                         printf("Cannot set input registers no from %s", optarg);
106                         printUsage(argv[0]);
107                         exit(EXIT_FAILURE);
108                     }
109                 }
110             else if(0 ==strcmp(long_options[option_index].name,HoldingRegsNo))
111                 {
112                     hrNo =getInt(optarg, &ok);
113                     if (0 ==ok || hrNo <0)
114                     {
115                         printf("Cannot set holding registers no from %s", optarg);
116                         printUsage(argv[0]);
117                         exit(EXIT_FAILURE);
118                     }
119                 }
120             break;
121
122     case 'a':
123         {
124             slaveAddr =getInt(optarg, &ok);
125             if (0 ==ok)
126             {
127                 printf("Slave address (%s) is not integer!\n\n", optarg);
128                 printUsage(argv[0]);
129                 exit(EXIT_FAILURE);
130             }
131         }
132     break;
133
134     case 'm':
```

```
135            if (0 ==strcmp(optarg, TcpOptVal))
136            {
137                backend =createTcpBackend();
138            }
139            else if (0 ==strcmp(optarg, RtuOptVal))
140                backend =createRtuBackend();
141            else
142            {
143                printf("Unrecognized connection type %s\n\n", optarg);
144                printUsage(argv[0]);
145                exit(EXIT_FAILURE);
146            }
147            break;
148
149        //tcp/rtu params
150        case 'p':
151        case 'b':
152        case 'd':
153        case 's':
154            if (0 ==backend)
155            {
156                printf("Connection type (-m switch) has to be set!\n");
157                printUsage(argv[0]);
158                exit(EXIT_FAILURE);
159            }
160            else
161            {
162                if (0 ==backend->setParam(backend, c, optarg))
163                {
164                    printUsage(argv[0]);
165                    exit(EXIT_FAILURE);
166                }
167            }
168            break;
169        case '? ':
170            break;
171
172        default:
173            printf("?? getopt returned character code 0%o ?? \n", c);
174        }
175    }
176
```

```
177         if (0 ==backend)
178         {
179             printf("Usage:\n");
180             printUsage(argv[0]);
181             exit(EXIT_FAILURE);
182         }
183
184         if (1 ==argc - optind)
185         {
186             //创建 RTU 或 TCP 模式
187             if (RTU_T ==backend->type)
188             {
189                 RtuBackend * rtuP = (RtuBackend * )backend;
190                 strcpy(rtuP->devName, argv[optind]);
191             }
192             else if (TCP_T ==backend->type)
193             {
194                 TcpBackend * tcpP = (TcpBackend * )backend;
195                 strcpy(tcpP->ip, argv[optind]);
196             }
197         }
198         else
199         {
200             printf("Expecting only serialport|ip as free parameter!\n");
201             printUsage(argv[0]);
202             exit(EXIT_FAILURE);
203         }
204
205         //创建寄存器内存块
206         mb_mapping =modbus_mapping_new(coilsNo, diNo, hrNo, irNo);
207         if (mb_mapping ==NULL)
208         {
209             fprintf(stderr, "Failed to allocate the mapping: %s\n",
210                     modbus_strerror(errno));
211             exit(EXIT_FAILURE);
212         }
213         if (debug)
214             printf("Ranges:\n\tCoils:0-0x%04x\n\tDigital inputs:0-0x%04x\n\t"\
215                 "Holding regs: 0-0x%04x\n\tInput regs: 0-0x%04x\n",
216                 coilsNo, diNo, hrNo, irNo);
217
218         if (0 ==backend)
```

```
219    {
220        printf("No backend has been specified!\n");
221        printUsage(argv[0]);
222        exit(EXIT_FAILURE);
223    }
224
225    //创建 modbus_t 对象
226    ctx =backend->createCtxt(backend);
227    modbus_set_debug(ctx, debug);
228    modbus_set_slave(ctx, slaveAddr);
229
230    uint8_t query[MODBUS_TCP_MAX_ADU_LENGTH];
231
232    for(;;)
233    {
234        if (0 ==backend->listenForConnection(backend, ctx))
235        {
236            break;
237        }
238
239        for (;;)                        //循环接收数据并分析处理,返回响应帧
240        {
241            int rc;
242
243            rc =modbus_receive(ctx, query);
244            if (rc >0)
245            {
246                /* rc is the query size */
247                modbus_reply(ctx, query, rc, mb_mapping);
248            }
249            else if (rc ==-1)
250            {
251                /* Connection closed by the client or error */
252                break;
253            }
254        }
255        printf("Client disconnected: %s\n", modbus_strerror(errno));
256
257        backend->closeConnection(backend);
258    }
259
```

```
260        //释放内存
261        modbus_mapping_free(mb_mapping);
262        modbus_close(ctx);
263        modbus_free(ctx);
264        backend->del(backend);
265
266        return 0;
267    }
```

　　代码添加完毕之后编译成功,运行通过。为了测试通信是否正常,使用 Modbus Poll 或者自己开发的 modpoll.exe 模拟主设备进行通信,这部分可以参考前面章节的内容。

　　至此以后,我们便可以使用自己开发的 Modbus 调试工具 modpoll.exe、modslave.exe 与设备或其他 Modbus 应用程序进行通信测试了。当然,这两个调试工具在功能上还有所不足,如没有 GUI 画面,不能直观地修改寄存器数据等,关于这一点,完全可以在现有基础上留给读者自行完成。

第 12 章

Java 语言开发
Modbus 应用程序

在各种计算机开发语言的排行榜中，Java 语言始终占据着领先位置，这是因为 Java 是一门面向对象的编程语言，不仅吸收了 C/C++语言的各种优点，还摒弃了 C/C++语言中难以理解的多继承、指针等概念，因此 Java 语言具有功能强大和简单易用的典型特征。

Java 语言作为面向对象编程语言的代表，极好地实现了面向对象理论，允许程序员以优雅的思维方式进行复杂的编程，特别是随着互联网和物联网的发展，Java 语言的生态环境得到了极大的改善和提高。本章将通过简单的实例让大家更好地了解如何应用 Java 语言开发 Modbus 的应用程序，以扩大其应用范围。

12.1　开发环境的构建

为了便于初学者"从 0 到 1"掌握完整的开发过程和方法，下面简要介绍如何构建基于 Java 语言的开发环境。

12.1.1　安装 Java 开发环境

Java 是由 Sun Microsystems(太阳微系统)公司于 1995 年 5 月推出的高级程序设计语言，Java 可运行于多个平台，如 Windows、Mac OS 及其他多种 UNIX 版本的系统。后来，Sun 公司被 Oracle（甲骨文）公司收购，Java 也随之成为 Oracle 公司的产品。

一个完整的 Java 开发环境包括 JVM、JRE 和 JDK，其中，JDK 包含 JVM 和 JRE，我们可以从官方网址下载适合计算机的官方 Java JDK 和 Java 开发帮助文档。

其中，为方便大家理解，需要对以上几个名称进行简要解释。

- JVM(Java Virtual Machine)：Java 虚拟机。
- JRE(Java Runtime Environment)：Java 运行时的环境。
- JDK(Java Development Kit)：Java 开发工具包。

JDK 称为 Java 开发包或 Java 开发工具，是一个编写 Java 的 Applet 小程序和应用程序的程序开发环境。JDK 是整个 Java 的核心，包含 Java 运行环境以及一些 Java 工具和 Java 的核心类库(Java API)。不论任何 Java 应用服务器，其实质都是内置了某个版本的 JDK。

作为普通开发者，我们只需要完整安装相应的 Java JDK 即可。

1. 下载并安装 JDK

首先需要下载 Java 开发工具包(JDK)，下载地址（或者通过搜索引擎下载）为 https://www.oracle.com/technetwork/java/javase/downloads/index.html。如图 12-1 所示(注：因网页改版等因素可能会有所不同)。

注意下载页面的左侧菜单栏，在下载 JDK 安装包时，会发现 Java 存在不同的安装版本，分别是 Java SE、Java EE、Java ME 等。实际上，这是由于历史原因造成的，总体来说，Java 分为三个体系：

- Java SE(J2SE)，即 Java 2 Platform Standard Edition，Java 平台标准版；
- Java EE(J2EE)，即 Java 2 Platform Enterprise Edition，Java 平台企业版；

图 12-1 Java JDK 下载页面

• Java ME(J2ME),即 Java 2 Platform Micro Edition,Java 平台微型版。

2005 年 6 月,Java One 大会召开,Sun 公司公开发布 Java SE 6。此时,Java 的各种版本已经更名,取消其中的数字"2",J2EE 更名为 Java EE, J2SE 更名为 Java SE,J2ME 更名为 Java ME,这也是 Java 各版本名称的由来。

对于初学者来说,下载 Java SE 版本即可,单击【DOWNLOAD】按钮会出现新的下载链接页面。需要注意的是,当前最新版本的 JDK 11 License 已发生了变更,具体的变更内容可在网络上搜索获取,本书着眼于学习,因此可以直接下载使用。

如图 12-2 所示,首先选中同意 License 的单选框,然后下载相应的 Windows 平台的安装文件包,下载完毕后双击运行安装 JDK 开发环境。目前,最新版本的 JDK 只存在 x64 位版本,如果你的操作系统是 32 位版本,那么需要安装旧版本 x86 对应的 JDK 安装包。为了更好地兼容当前的各种类库和应用包,在学习阶段建议安装旧版本 x86 对应的 JDK,将来在生产环境上可根据需要选择对应的版本开发,如图 12-3 所示。

下载完毕后双击安装包即可安装,安装过程中可以自定义安装目录等信息,例如这里选择安装目录为 C:\Program Files\Java\jdk1.8.0_201;具体的安装过程

Java SE Development Kit 11.0.2

You must accept the Oracle Technology Network License Agreement for Oracle Java SE to download this software.

○ Accept License Agreement   ● Decline License Agreement

Product / File Description	File Size	Download
Linux	147.28 MB	⬇jdk-11.0.2_linux-x64_bin.deb
Linux	154.01 MB	⬇jdk-11.0.2_linux-x64_bin.rpm
Linux	171.32 MB	⬇jdk-11.0.2_linux-x64_bin.tar.gz
macOS	166.13 MB	⬇jdk-11.0.2_osx-x64_bin.dmg
macOS	166.49 MB	⬇jdk-11.0.2_osx-x64_bin.tar.gz
Solaris SPARC	186.78 MB	⬇jdk-11.0.2_solaris-sparcv9_bin.tar.gz
Windows	150.94 MB	⬇jdk-11.0.2_windows-x64_bin.exe
Windows	170.96 MB	⬇jdk-11.0.2_windows-x64_bin.zip

图 12-2　下载相应版本的 JDK

Java SE Development Kit 8u201

You must accept the Oracle Binary Code License Agreement for Java SE to download this software.

○ Accept License Agreement   ● Decline License Agreement

Product / File Description	File Size	Download
Linux ARM 32 Hard Float ABI	72.98 MB	⬇jdk-8u201-linux-arm32-vfp-hflt.tar.gz
Linux ARM 64 Hard Float ABI	69.92 MB	⬇jdk-8u201-linux-arm64-vfp-hflt.tar.gz
Linux x86	170.98 MB	⬇jdk-8u201-linux-i586.rpm
Linux x86	185.77 MB	⬇jdk-8u201-linux-i586.tar.gz
Linux x64	168.05 MB	⬇jdk-8u201-linux-x64.rpm
Linux x64	182.93 MB	⬇jdk-8u201-linux-x64.tar.gz
Mac OS X x64	245.92 MB	⬇jdk-8u201-macosx-x64.dmg
Solaris SPARC 64-bit (SVR4 package)	125.33 MB	⬇jdk-8u201-solaris-sparcv9.tar.Z
Solaris SPARC 64-bit	88.31 MB	⬇jdk-8u201-solaris-sparcv9.tar.gz
Solaris x64 (SVR4 package)	133.99 MB	⬇jdk-8u201-solaris-x64.tar.Z
Solaris x64	92.16 MB	⬇jdk-8u201-solaris-x64.tar.gz
Windows x86	197.66 MB	⬇jdk-8u201-windows-i586.exe
Windows x64	207.46 MB	⬇jdk-8u201-windows-x64.exe

图 12-3　旧版 x86 对应的 JDK

因篇幅所限这里省略。

2. 环境变量设置

为了方便地使用 JDK 开发和调试 Java 应用程序,安装完毕之后,还需要配置相应的环境变量。

变量设置参数如下。

• 变量名:JAVA_HOME

变量值:C:\Program Files\Java\jdk1.8.0_201(注:应根据自己的实际路径配置)。

• 变量名:Path

变量值:%JAVA_HOME%\bin;%JAVA_HOME%\jre\bin。

需要注意的是,网络上提供的资料,许多都提到还需要设置 CLASSPATH 变量,实际上 1.5 以上版本的 JDK 无须设置 CLASSPATH 环境变量即可正常编译和运行 Java 程序。

简要的环境变量设置方法如图 12-4 所示,右击【我的电脑】,单击【属性】菜单,选择【高级系统设置】项,弹出如下设置对话框。

图 12-4　环境变量设置方法

在对话框中单击【环境变量】按钮即可设置相关系统变量。

3. 测试 JDK 是否安装成功

为了测试 JDK 是否安装成功,需要在命令行中执行相关操作。

① 在【开始】菜单中选择【运行】项,然后输入【cmd】指令并按 Enter 键,进入命令行。

② 在命令行提示符后,分别输入 java -version、java、javac 等命令,出现如图 12-5 所示的信息,说明 JDK 环境变量配置成功。

```
C:\>java -version
java version "1.8.0_201"
Java(TM) SE Runtime Environment (build 1.8.0_201-b09)
Java HotSpot(TM) Client VM (build 25.201-b09, mixed mode, sharing)
```

图 12-5　测试 JDK 是否安装成功

12.1.2　Java 图形化开发工具

正所谓"工欲善其事,必先利其器",我们在开发 Java 语言程序的过程中同样需要一款不错的开发工具,目前市场上的 Java IDE 有很多,本书推荐以下几款 Java 图形化开发工具。

1. Eclipse

Eclipse 是一个开放源代码的、基于 Java 的可扩展开发平台,就其本身而言,它只是一个框架和一组服务,用于通过插件组件构建开发环境。幸运的是,Eclipse 附带了一个标准的插件集,包括 Java 开发工具(Java Development Tools,JDT)。

Eclipse 是著名的跨平台的自由集成开发环境(IDE),最初主要用于 Java 语言的开发,但是目前也有人通过插件使其作为其他计算机语言(如 C++和 Python)的开发工具。Eclipse 本身只是一个框架平台,但是众多插件的支持使得 Eclipse 拥有其他功能相对固定的 IDE 软件很难具有的灵活性。许多软件开发商以 Eclipse 为框架开发自己的 IDE。

官方地址:http://www.eclipse.org/downloads/。

2. MyEclipse

MyEclipse 是 Eclipse 的插件,它也是一款功能强大的 Java EE 集成开发环境,由 Genuitec 公司发布,它是收费的。

MyEclipse 是对 Eclipse IDE 的扩展,利用这个工具,我们可以在数据库和 Java EE 的开发、发布以及应用程序服务器的整合方面极大地提高工作效率。MyEclipse 是功能丰富的 Java EE 集成开发环境,包括完备的编码、调试、测试和发布功能,完整支持 HTML、Struts、JSP、CSS、Javascript、SQL、Hibernate 等。

官方提供了 5 种版本,分别如下。

- MyEclipse Standard:标准版,是通常使用的一个版本。
- MyEclipse Pro:专业版,提供比标准版更多的功能。
- MyEclipse Blue:蓝色版,主要是针对 IBM RAD 和 WSAD 的开发者的,因为 MyEclipse 上的 Web 项目部署到 WAS 服务器是一件很麻烦的事。
- MyEclipse Spring:Spring 版,其最大的特点是提供了更强大的针对 Spring 框架的支持。
- MyEclipse Bling:Bling 版,即集成了 Spring 功能的 MyEclipse Blue。(MyEclipse Blue ＋ Spring ＝ MyEclipse Bling)。

从 2015 版开始，MyEclipse 下载包统一包含了 Standard、Pro、Blue、Bling 和 Spring 五个版本，不做单独区分。

官方地址：http://www.myeclipseide.com/。

3．NetBeans

NetBeans IDE 是一个屡获殊荣的集成开发环境，可以方便地在 Windows、MacOS、Linux 和 Solaris 中运行。NetBeans 包括开源的开发环境和应用平台，NetBeans IDE 可以使开发人员利用 Java 平台快速创建 Web、企业、桌面以及移动的应用程序，NetBeans IDE 目前支持 PHP、Ruby、JavaScript、Ajax、Groovy、Grails 和 C/C++等开发语言。

NetBeans 项目由一个活跃的开发社区提供支持，NetBeans 开发环境提供了丰富的产品文档和培训资源以及大量的第三方插件。

官方地址：http://netbeans.org/features/index.html。

4．IntelliJ IDEA

IntelliJ IDEA 是一款综合的 Java 编程环境，被许多开发人员和行业专家誉为市场上最好的 IDE。

IntelliJ IDEA 提供了一系列实用的工具组合：智能编码辅助和自动控制，支持 Java EE、Ant、JUnit 和 CVS 集成，非平行的编码检查和创新的 GUI 设计器。IDEA 把 Java 开发人员从一些耗时的常规工作中解放出来，显著地提高了开发效率。IntelliJ IDEA 具有运行更快速，生成更好的代码；持续的重新设计；日常编码变得更加简易；可与其他工具完美集成；很高的性价比等特点。在新版本中支持 Generics、BEA WebLogic 集成，改良的 CVS 集成以及 GUI 设计器等功能。

IntelliJ IDEA 以前是收费软件，不过在 2009 年以后就推出了免费的社区开源版本。作为学习，完全可以使用 IntelliJ IDEA 社区版工具。

官方地址：http://www.jetbrains.com/idea/。

5．Visual Studio Code

Microsoft 在 2015 年 4 月 30 日的全球开发者大会上正式宣布了 Visual Studio Code 项目：一个运行于 Mac OS X、Windows 和 Linux 之上的，针对于编写现代 Web 和云应用的跨平台源代码编辑器。

实际上，Visual Studio Code 除了作为一款编辑器以外，只要添加上各种开发插件，它就可以变身为一款优异的 Java 开发调试工具。

官方地址：http://code.visualstudio.com/。

在这里，为了简化安装和配置等过程，方便编译和调试，我们推荐选用 IntelliJ

IDEA 社区版作为 Java 开发工具。从 IntelliJ IDEA 官方网站下载社区版安装文件，双击执行安装，安装过程中弹出安装选项时，可以根据开发需要进行勾选，初学者建议全部勾选以方便将来的使用，如图 12-6 所示，安装完毕之后重启计算机即可开始编码和调试。

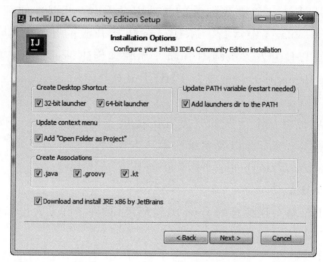

图 12-6　IntelliJ IDEA 安装和设置

12.2　开发 Modbus RTU 程序

本节将通过编写 Modbus RTU 程序实际演练具体的开发方法。

12.2.1　准备工作

除了基于 Libmodbus 库开发之外，基于 Java 语言的 Modbus 类库也非常多，这里挑选几个供大家在开发中使用。

· Jamod

网址：http://jamod.sourceforge.net/。

特点：具备基础功能，支持 RTU 和 TCP 两种模式，文档齐全；缺点是最后开发时间为 2010 年，比较久远，维护跟不上。

· Modbus4J

网址：https://github.com/infiniteautomation/modbus4j。

特点：具备基础功能，支持 ASCII 和 TCP 模式，但是不支持 RTU 模式，缺乏

相关文档,开发持续更新,需要注意的是,商业使用需要 License。

• JLibMdobus

网址:

http://jlibmodbus.sourceforge.net;

https://github.com/kochedykov/jlibmodbus。

特点:具备全面的功能,支持 RTU、ASCII 和 TCP 模式,文档详细,持续开发中,当前已实现的功能函数包括

0x01 Read Coils

0x02 Read Discrete Inputs

0x03 Read Holding Registers

0x04 Read Input Registers

0x05 Write Single Coil

0x06 Write Single Register

0x07 Read Exception Status

0x08 Diagnostics

0x0B Get Comm Event Counter

0x0C Get Comm Event Log

0x0F Write Multiple Coils

0x10 Write Multiple Registers

0x11 Report Slave Id

0x14 Read File Record

0x15 Write File Record

0x16 Mask Write Register

0x17 Read Write Multiple Registers

0x18 Read Fifo Queue

0x2B Encapsulated Interface Transport (Read Device Identification interface)

因此,在查询了大量的资料和考查比较了很多不同的 Java 开源库之后,本书着重推荐使用 JLibMdobus 进行 Java 语言的 Modbus 应用程序开发。

另外,为了进行 RTU 模式的 Modbus 应用程序的开发,还需要了解一些 Java 语言中可用于串口通信的一些类库。Java 原生对串口的支持只有 javax.comm 类库,而 javax.comm 比较古老,而且不支持 64 位操作系统,通过查阅 JLibModbus 协议栈文档,可以发现其提供了几个可供使用的 Java 操作串口的扩展类库,分别

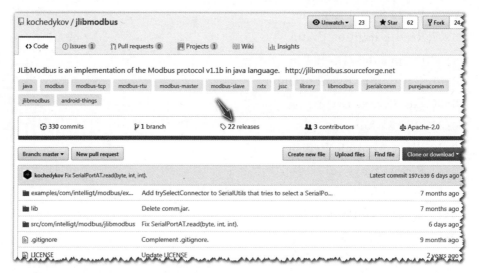

如下。

1. RXTX

官网：http：//fizzed.com/oss/rxtx-for-java。

2. jSerialComm

官网：https：//fazecast.github.io/jSerialComm/。

3. purejavacomm

地址：https：//github.com/nyholku/purejavacomm。

4. JSSC

地址：https：//github.com/scream3r/java-simple-serial-connector。

实际上，这几个类库都可以很好地辅助 Java 应用程序访问串口。

下面开始介绍具体的开发实例。首先访问 JLibModbus 类库的主页 https：//
github.com/kochedykov/jlibmodbus 并下载相关文件，如图 12-7 所示。

图 12-7　访问 JlibModbus 主页

如图 12-8 所示，选择【release】菜单项，下载最新版本的文件压缩包。

当前的最新版本是 1.2.9.7，下载并解压缩后备用。启动前面已经安装成功的
IntelliJ IDEA 应用程序，开始代码开发。

如图 12-9 所示，在 IntelliJ IDEA 中载入解压缩的工程目录，并在 IntelliJ
IDEA 中打开。

如图 12-10 所示，目录 src 里面是 JLibModbus 库的所有源代码，而 examples

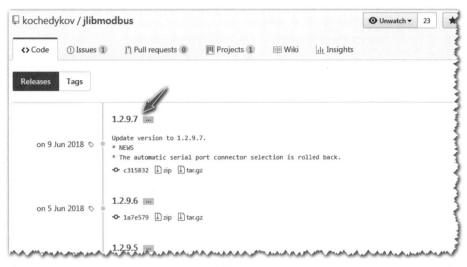

图 12-8 下载最新版本的 JlibModbus 包

图 12-9 载入 JlibModbus 开发包

是所有示例代码,lib 目录下是所有依赖的 jar 包。

首先编译生成 JLibModbus 类库的 jar 包,以供 Java 应用程序使用。

257

在项目名上右击,然后单击菜单项【Open Module Settings】或者按 F4 键弹出项目对话框,如图 12-11 所示。

图 12-10　载入 JlibModbus 开发包
　　　　　的目录结构

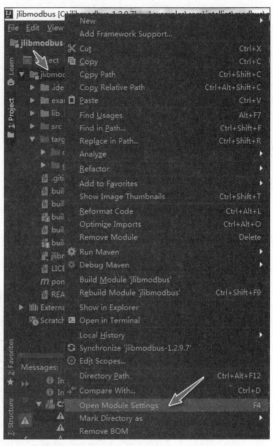

图 12-11　编译 JlibModbus 开发包

依次选取以下内容:【Artifacts】→【＋】→【JAR】→【From modules with dependencies】;然后,弹出的配置对话框如图 12-12 所示,直接单击【OK】按钮,生成配置画面。

图 12-13 中的【Main Class】是这个项目的主方法,即要运行的类,这里可以忽略。而对于图中【JAR files from libraries】的两个选项:

如果选中第 1 个,则打完包后是一个只生成主类的 jar 包;

如果选中第 2 个,则打完包后是一个 jar 包,且外带项目所引用的 jar 包,推荐

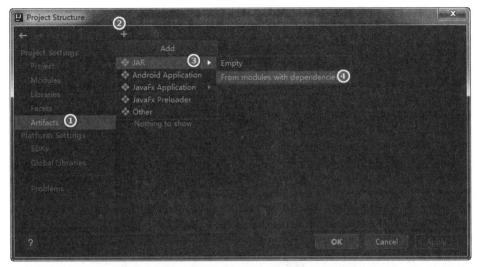

图 12-12　编译 JlibModbus 的选项

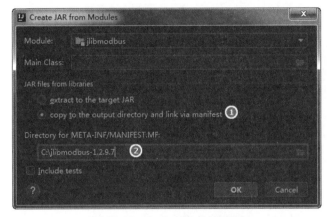

图 12-13　生成 JAR 包的选项

选中第 2 个。

如图 12-13 所示，设置【META-INF/MANIFEST.MF】选项，设置 META-INF/MANIFEST.MF 时，选中项目的根目录。注意：这里不能使用默认的路径，否则不能正常生成，需要设置为项目根目录。

设置完毕，单击【OK】按钮完成设置步骤。

如图 12-14 所示，【Output directory】项是生成的 jar 包所在的位置，另外记得勾选【Include in project build】项。

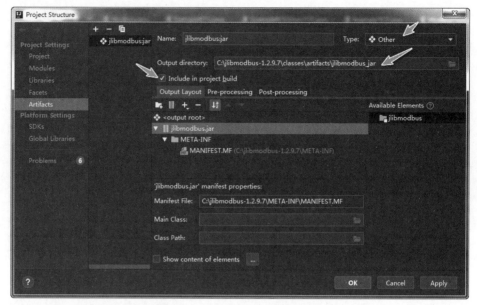

图 12-14　设置 JAR 包输出路径

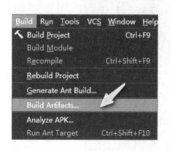

图 12-15　编译并生成 JAR 包

最后一步，在 IntelliJ IDEA 主界面的【Build】菜单下依次选择【Build Artifacts】→【XXX.jar】→【Build】项以完成项目编译，然后到相关路径下寻找 jar 包即可，如图 12-15 所示。

注意：在编译打包的过程中，可能会出现如下错误。

C:/InterlliJ　IDEA/xxx/META-INF/MANI-FEST.MF' already exists in VFS

出现这个提示的原因是之前在 IDEA 中对这个 module 打过 jar 包了，所以 module 中会有一个 MANIFEST.MF 文件夹，提示的错误表示这个文件夹及其中的文件已经存在，所以把这个文件夹删除后再重新【Build】打包即可。

一切正常则会成功生成 jlibmodbus.jar 包，如图 12-16 所示。

至此为止，前期工作已准备完毕，接下来编写一个 RTU Master 的例子程序。

12.2.2　代码编写和调试

启动 InterlliJ IDEA，选择【Create New Project】菜单，在弹出的对话框中创建一个 Java 应用程序，如图 12-17 所示。

图 12-16　编译生成的结果文件

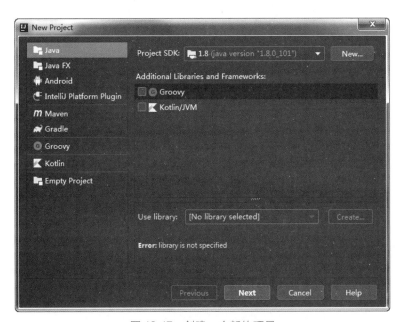

图 12-17　创建一个新的项目

　　单击【Next】按钮，创建一个命令行应用程序，如图 12-18 所示。

　　单击【Next】按钮，在弹出的对话框中输入项目名 JavaRtuMaster，并单击【Finish】按钮完成创建过程，如图 12-19 所示。

　　将前面生成的 jar 包复制到项目目录，并修改目录名为 lib，如图 12-20 所示。

261

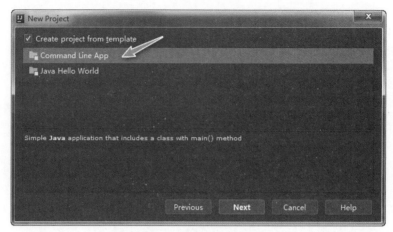

图 12-18　选择创建命令行程序

图 12-19　输入项目名称

　　然后需要将 jar 包导入项目：依次选择菜单项【File】→【Project Structure】,在弹出的设置对话框中依次选择【Libraries】→【＋】→【Java】→【Select Library Files】项,选择导入的 Modbus jar 包所在的目录。

　　导入 jar 包之后如图 12-21 和图 12-22 所示。

　　对于初学者来说,为了快速完成实例内容,可以打开 JlibModbus 类库提供的例子文件【SimpleMasterRTU.java】,将 import 部分和 main()函数中的内容分别复制到当前生成的 Main.java 文件中,如图 12-23 所示。

　　注意：原例子中 import 部分还需要添加如下内容。

```
importcom.intelligt.modbus.jlibmodbus.serial.SerialPortFactoryJSSC;
```

图 12-20　复制 jar 包文件

图 12-21　导入 jar 包文件

细心的读者一定会发现,在例子代码中间存在一段注释,这是为了方便用户
选用串口通信库,默认是 JSSC 库。

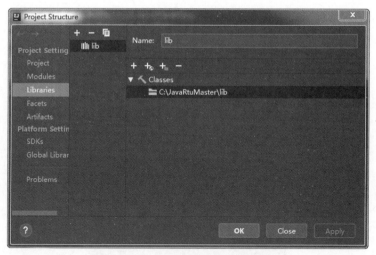

图 12-22　导入 jar 包文件后的结果

```
package com.company;

import com.intelligt.modbus.jlibmodbus.Modbus;
import com.intelligt.modbus.jlibmodbus.master.ModbusMaster;
import com.intelligt.modbus.jlibmodbus.master.ModbusMasterFactory;
import com.intelligt.modbus.jlibmodbus.exception.ModbusIOException;
import com.intelligt.modbus.jlibmodbus.serial.SerialParameters;
import com.intelligt.modbus.jlibmodbus.serial.SerialPort;
import jssc.SerialPortList;


public class Main {

    public static void main(String[] args) {

        SerialParameters sp = new SerialParameters();
        Modbus.setLogLevel(Modbus.LogLevel.LEVEL_DEBUG);
        try {
            // you can use just string to get connection with remote slave,
            // but you can also get a list of all serial ports available at your system
            String[] dev_list = SerialPortList.getPortNames();
            // if there is at least one serial port at your system
            if (dev_list.length > 0) {
                // you can choose the one of those you need
                sp.setDevice(dev_list[0]);
                // these parameters are set by default
                sp.setBaudRate(SerialPort.BaudRate.BAUD_RATE_115200);
                sp.setDataBits(8);
                sp.setParity(SerialPort.Parity.NONE);
                sp.setStopBits(1);
                //you can choose the library to use
                //the library uses jssc by default.
                //
                //first, you should set the factory that will be used by library to create an instance of SerialPort.
                //SerialUtils.setSerialPortFactory(new SerialPortFactoryRXTX());
```

图 12-23　主文件的内容

```
1   //you can choose the library to use.
2   //the library uses jssc by default.
3   //
4   //first, you should set the factory that will be used by library to create an
5   instance of SerialPort.
6   //SerialUtils.setSerialPortFactory(new SerialPortFactoryRXTX());
7   //   JSSC is Java Simple Serial Connector
8   SerialUtils.setSerialPortFactory(new SerialPortFactoryJSSC());
9   //   PJC is PureJavaComm.
10  //SerialUtils.setSerialPortFactory(new SerialPortFactoryPJC());
11  //   JavaComm is the Java Communications API (also known as javax.comm)
12  //SerialUtils.setSerialPortFactory(new SerialPortFactoryJavaComm());
13  //in case of using serial-to-wifi adapter
14  //String ip ="192.168.0.180"; //for instance
15  //int port   =777;
16  //SerialUtils. setSerialPortFactory ( new   SerialPortFactoryTcp ( new
17  TcpParameters(InetAddress.getByName(ip), port, true)));
    // you should use another method:
    //next you just create your master and use it.
```

为了使用 JSSC 串口类库,需要将下列语句的注释打开:

SerialUtils.setSerialPortFactory(new SerialPortFactoryJSSC());

代码完成之后,现在可以设置断点并开始调试和运行了。参考前面章节提供的方法,启动 Modbus Tools 工具并进行通信测试,如图 12-24 所示。

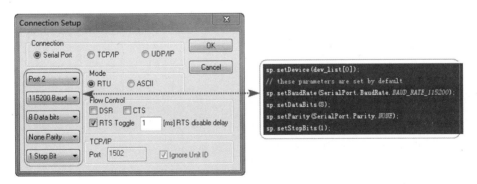

图 12-24　串口调试设置波特率

注意:设置 Modbus Slave 工具上的串口参数时,必须与 Java 代码中的参数对应,如图 12-24 所示。

示例代码仅仅读取了保持寄存器地址 0 的值,参考代码如下。

```
1  try
2  {
3      // at next string we receive ten registers from a slave with id of 1 at offset of 0.
4      int[] registerValues =m.readHoldingRegisters(slaveId, offset, quantity);
5      // print values
6      for (int value : registerValues)
7      {
8          System.out.println("Address: " +offset+++", Value: " +value);
9      }
10 }
```

可以在 Modbus Slave 工具上修改保持寄存器地址 0 的值,然后断点调试观察代码中打印的值,具体方法前面章节已有详细描述,这里不再赘述。

完整的 RTU Master 端的代码如下。

```
1  package com.company;
2
3  import com.intelligt.modbus.jlibmodbus.Modbus;
4  import com.intelligt.modbus.jlibmodbus.master.ModbusMaster;
5  import com.intelligt.modbus.jlibmodbus.master.ModbusMasterFactory;
6  import com.intelligt.modbus.jlibmodbus.exception.ModbusIOException;
7  import com.intelligt.modbus.jlibmodbus.serial.SerialParameters;
8  import com.intelligt.modbus.jlibmodbus.serial.SerialPort;
9  import com.intelligt.modbus.jlibmodbus.serial.SerialUtils;
10 import com.intelligt.modbus.jlibmodbus.serial.SerialPortFactoryRXTX;
11 import com.intelligt.modbus.jlibmodbus.serial.SerialPortFactoryJSSC;
12
13 import jssc.SerialPortList;
14
15 public class Main
16 {
17
18     public static void main(String[] args)
19     {
20
21         SerialParameters sp =new SerialParameters();
22         Modbus.setLogLevel(Modbus.LogLevel.LEVEL_DEBUG);
23         try
24         {
25             // you can use just string to get connection with remote slave,
```

```
26          // but you can also get a list of all serial ports available at your system.
27          String[] dev_list =SerialPortList.getPortNames();
28          // if there is at least one serial port at your system
29          if (dev_list.length >0)
30          {
31              // you can choose the one of those you need
32              sp.setDevice(dev_list[0]);
33              // these parameters are set by default
34              sp.setBaudRate(SerialPort.BaudRate.BAUD_RATE_115200);
35              sp.setDataBits(8);
36              sp.setParity(SerialPort.Parity.NONE);
37              sp.setStopBits(1);
38              //you can choose the library to use.
39              //the library uses jssc by default.
40              //
41              //first, you should set the factory that will be used by
42              //library to create an instance of SerialPort.
43              //SerialUtils.setSerialPortFactory(new SerialPortFactoryRXTX());
44              //   JSSC is Java Simple Serial Connector
45              SerialUtils.setSerialPortFactory(new SerialPortFactoryJSSC());
46              //   PJC is PureJavaComm.
47              //SerialUtils.setSerialPortFactory(new SerialPortFactoryPJC());
48              //   JavaComm is the Java Communications API (also known as javax.comm)
49              //SerialUtils.setSerialPortFactory(new SerialPortFactoryJavaComm());
50              //in case of using serial-to-wifi adapter
51              //String ip ="192.168.0.180";//for instance
52              //int port   =777;
53              //SerialUtils.setSerialPortFactory(new SerialPortFactoryTcp(new
54              //TcpParameters(InetAddress.getByName(ip), port, true)));
55              // you should use another method:
56              //next you just create your master and use it.
57              ModbusMaster m =ModbusMasterFactory.createModbusMasterRTU(sp);
58              m.connect();
59
60              int slaveId =1;
61              int offset =0;
62              int quantity =1;
63              //can invoke # connect method manually, otherwise it'll be invoked auto
64              try
65              {
66                  // receive ten registers from a slave with id of 1 at offset of 0.
```

```
67              int[] registerValues =m.readHoldingRegisters(slaveId, offset, quantity);
68              // print values
69              for (int value : registerValues)
70              {
71                  System.out.println("Address: " +offset+++", Value: " +value);
72              }
73          }
74      catch (RuntimeException e)
75      {
76          throw e;
77      }
78      catch (Exception e)
79      {
80          e.printStackTrace();
81      }
82      finally
83      {
84          try {
85              m.disconnect();
86          }
87          catch (ModbusIOException e1)
88          {
89              e1.printStackTrace();
90          }
91      }
92      }
93      }
94  catch (RuntimeException e)
95  {
96      throw e;
97  }
98  catch (Exception e)
99  {
100     e.printStackTrace();
101 }
102
103     }
104 }
```

以上完成了一个基于 Java 语言的 RTU Master 模式的示例程序。

下面通过同样的方法完成一个 RTU Slave 模式的示例程序。

　　启动 InterlliJ IDEA，选择【Create New Project】菜单项，创建一个新项目，同时导入相关 jar 包文件并设置参数，项目名称为 JavaRtuSlave。

　　从机 Slave 模式需要实现的功能是实时监听主机发送过来的命令，然后根据主机的命令进行对应的操作。如果是查询读命令，则返回对应寄存器地址的值；如果是写命令，则修改对应寄存器地址的值并返回。

　　完整的 RTU Slave 端的代码如下。

```
 1  package com.company;
 2
 3  import com.intelligt.modbus.jlibmodbus.Modbus;
 4  import com.intelligt.modbus.jlibmodbus.data.ModbusHoldingRegisters;
 5  import com.intelligt.modbus.jlibmodbus.exception.ModbusIOException;
 6  import com.intelligt.modbus.jlibmodbus.exception.ModbusProtocolException;
 7  import com.intelligt.modbus.jlibmodbus.serial.SerialParameters;
 8  import com.intelligt.modbus.jlibmodbus.serial.SerialPortException;
 9  import com.intelligt.modbus.jlibmodbus.serial.SerialUtils;
10  import com.intelligt.modbus.jlibmodbus.slave.ModbusSlave;
11  import com.intelligt.modbus.jlibmodbus.slave.ModbusSlaveFactory;
12  import com.intelligt.modbus.jlibmodbus.utils.DataUtils;
13  import com.intelligt.modbus.jlibmodbus.utils.FrameEvent;
14  import com.intelligt.modbus.jlibmodbus.utils.FrameEventListener;
15  import com.intelligt.modbus.jlibmodbus.serial.SerialPort;
16  import com.intelligt.modbus.jlibmodbus.serial.SerialPortFactoryJSSC;
17
18  import jssc.SerialPortList;
19
20  public class Main
21  {
22      final static private int slaveId =1;
23      public static void main(String[] args)
24      {
25          try
26          {
27              Modbus.setLogLevel(Modbus.LogLevel.LEVEL_DEBUG);
28              SerialParameters serialParameters =new SerialParameters();
29              //获取串口列表
30              String[] dev_list =SerialPortList.getPortNames();
31              if (dev_list.length <=0)
32              {
33                  System.out.println("串口不存在!");
```

```
34              return;
35          }
36
37          //绑定串口号,Master 绑定到 COM0,这里用 COM1
38          serialParameters.setDevice(dev_list[1]);
39          serialParameters.setBaudRate(SerialPort.BaudRate.BAUD_RATE_115200);
40          serialParameters.setDataBits(8);
41          serialParameters.setParity(SerialPort.Parity.NONE);
42          serialParameters.setStopBits(1);
43
44          //选中串口库(参考前一个例程)
45          SerialUtils.setSerialPortFactory(new SerialPortFactoryJSSC());
46          //创建一个 slave 并设置属性
47          ModbusSlave slave =ModbusSlaveFactory.createModbusSlaveRTU(serialParameters);
48          slave.setServerAddress(slaveId);
49          slave.setBroadcastEnabled(true);
50          slave.setReadTimeout(10000);
51
52          //创建监听事件方便查看通信过程
53          FrameEventListener listener =new FrameEventListener()
54          {
55              @Override
56              public void frameSentEvent(FrameEvent event)
57              {
58                  System.out.println("frame sent " +DataUtils.toAscii(event.getBytes()));
59              }
60              @Override
61              public void frameReceivedEvent(FrameEvent event)
62              {
63                  System.out.println("frame recv " +DataUtils.toAscii(event.getBytes()));
64              }
65          };
66
67          slave.addListener(listener);
68          //创建保持 1000 个寄存器并设置值
69          ModbusHoldingRegisters holdingRegisters =new ModbusHoldingRegisters(1000);
70          for (int i =0; i <holdingRegisters.getQuantity(); i++)
71          {
72              holdingRegisters.set(i, i +10);
73          }
74
```

```
75          //绑定 slave 保持寄存器的值
76          slave.getDataHolder().setHoldingRegisters(holdingRegisters);
77          //开始监听
78          slave.listen();
79          slave.shutdown();
80      }
81      catch (ModbusProtocolException e)
82      {
83          e.printStackTrace();
84      }
85      catch (ModbusIOException e)
86      {
87          e.printStackTrace();
88      }
89      catch (SerialPortException e)
90      {
91          e.printStackTrace();
92      }
93   }
94 }
```

RTU Slave 端的代码完成之后,即可与前面开发的 RTU Master 端的代码进行联调,通信效果完全符合要求。

12.3　开发 Modbus TCP 程序

下面以 Modbus TCP 程序为例进行开发演示。

首先开发一个客户端 Client(即 Master 端)的 Java 程序。

启动 InterlliJ IDEA,选择【Create New Project】菜单项,创建一个新项目,同时导入相关 jar 包文件并设置参数,项目名称为 JavaTcpClient。

对于 TCP 模式的程序,Client 端相当于 RTU 下的 Master 端,属于主动发起通信的节点。参考前面的开发方法,添加相应的 jar 包,参考文件 SimpleMasterTCP.java,输入代码即可开始调试。

完整的代码如下。

```
1 package com.company;
2
3 import com.intelligt.modbus.jlibmodbus.Modbus;
```

```
 4   import com.intelligt.modbus.jlibmodbus.exception.ModbusIOException;
 5   import com.intelligt.modbus.jlibmodbus.exception.ModbusNumberException;
 6   import com.intelligt.modbus.jlibmodbus.exception.ModbusProtocolException;
 7   import com.intelligt.modbus.jlibmodbus.master.ModbusMaster;
 8   import com.intelligt.modbus.jlibmodbus.master.ModbusMasterFactory;
 9   import com.intelligt.modbus.jlibmodbus.msg.request.ReadHoldingRegistersRequest;
10   import com.intelligt.modbus.jlibmodbus.msg.response.ReadHoldingRegistersResponse;
11   import com.intelligt.modbus.jlibmodbus.tcp.TcpParameters;
12
13   import java.net.InetAddress;
14
15   public class Main
16   {
17       public static void main(String[] args)
18       {
19           try
20           {
21               TcpParameters tcpParameters = new TcpParameters();
22
23               //tcp parameters have already set by default as in example
24               tcpParameters.setHost(InetAddress.getLocalHost());   //即 127.0.0.1
25               tcpParameters.setKeepAlive(true);
26               tcpParameters.setPort(Modbus.TCP_PORT); //默认端口 502,可设置为其他值
27
28               //if you would like to set connection parameters separately,
29               // you should use another method:
30               // createModbusMasterTCP(String host, int port, boolean keepAlive);
31               ModbusMaster m = ModbusMasterFactory.createModbusMasterTCP(tcpParameters);
32               Modbus.setAutoIncrementTransactionId(true);
33
34               int slaveId = 1;
35               int offset = 0;
36               int quantity = 10;
37
38               try
39               {
40                   // since 1.2.8
41                   if (! m.isConnected())
42                   {
43                       m.connect();
44                   }
```

```
45
46          // receive ten registers from a slave with id of 1 at offset of 0.
47          int[] registerValues =m.readHoldingRegisters(slaveId, offset, quantity);
48
49          for (int value : registerValues)
50          {
51              System.out.println("Address: " +offset+++", Value: " +value);
52          }
53          // also since 1.2.8.4 can create request and process it with the master
54          offset =0;
55          ReadHoldingRegistersRequest request =new ReadHoldingRegistersRequest();
56          request.setServerAddress(1);
57          request.setStartAddress(offset);
58          request.setTransactionId(0);
59          ReadHoldingRegistersResponse response =
60              (ReadHoldingRegistersResponse) m.processRequest(request);
61          // you can get either int[] containing register values
62          // or byte[] containing raw bytes.
63          for (int value : response.getRegisters())
64          {
65              System.out.println("Address: " +offset+++", Value: " +value);
66          }
67      }
68      catch (ModbusProtocolException e)
69      {
70          e.printStackTrace();
71      }
72      catch (ModbusNumberException e)
73      {
74          e.printStackTrace();
75      }
76      catch (ModbusIOException e)
77      {
78          e.printStackTrace();
79      }
80      finally
81      {
82          try {
83              m.disconnect();
84          }
85          catch (ModbusIOException e)
```

```
86              {
87                  e.printStackTrace();
88              }
89          }
90      }
91      catch (RuntimeException e)
92      {
93          throw e;
94      }
95      catch (Exception e)
96      {
97          e.printStackTrace();
98      }
99   }
100 }
```

参考前面章节提供的方法设置断点,启动 Modbus Tools 工具并进行通信测试。注意设置正确的通信模式类型以及端口号,如图 12-25 所示。

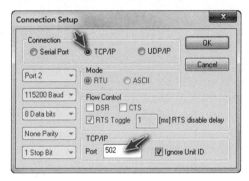

图 12-25　TCP 调试端口设置

注意:在某些 PC 上进行测试时,502 端口可能因被 PC 的防火墙屏蔽而造成连接异常,这时可以检查防火墙设置,或者将代码中的端口修改为其他值。

下面开发一个服务端 Server(即 Slave 端)的 Java 程序。

启动 InterlliJ IDEA,选择【Create New Project】菜单项,创建一个新项目,同时导入相关 jar 包文件并设置参数,项目名称为 JavaTcpServer。

对于 TCP 模式的程序,Server 端相当于 RTU 下的 Slave 端,属于被动响应查询的节点。参考前面章节的开发方法,添加相应的 jar 包,并参考 JlibModbus 类库提供的示例文件 SimpleSlaveTCP.java,输入代码即可调试。

完整的代码如下。

```
1   package com.company;
2
3   import com.intelligt.modbus.jlibmodbus.Modbus;
4   import com.intelligt.modbus.jlibmodbus.data.DataHolder;
5   import com.intelligt.modbus.jlibmodbus.data.ModbusCoils;
6   import com.intelligt.modbus.jlibmodbus.data.ModbusHoldingRegisters;
7   import com.intelligt.modbus.jlibmodbus.exception.IllegalDataAddressException;
8   import com.intelligt.modbus.jlibmodbus.exception.IllegalDataValueException;
9   import com.intelligt.modbus.jlibmodbus.slave.ModbusSlave;
10  import com.intelligt.modbus.jlibmodbus.slave.ModbusSlaveFactory;
11  import com.intelligt.modbus.jlibmodbus.tcp.TcpParameters;
12
13  import java.net.InetAddress;
14  import java.util.ArrayList;
15  import java.util.List;
16
17  public class Main
18  {
19      public static void main(String[] args)
20      {
21          try
22          {
23              // 设置从机 TCP 参数
24              TcpParameters tcpParameters = new TcpParameters();
25
26              // 设置 TCP 的 IP 地址
27              InetAddress adress = InetAddress.getByName("127.0.0.1");
28
29              // getLocalHost() 返回的是本机地址
30              // tcpParameters.setHost(InetAddress.getLocalHost());
31
32              // 为从机 TCP 设置上述 IP 地址参数
33              tcpParameters.setHost(adress);
34
35              // 设置从机 TCP 是否长连接
36              tcpParameters.setKeepAlive(true);
37
38              // 设置从机 TCP 的端口 Modbus.TCP_PORT=502
39              tcpParameters.setPort(Modbus.TCP_PORT);
40
```

```
41          // 创建一个 Server 端
42          ModbusSlave slave =ModbusSlaveFactory.createModbusSlaveTCP(tcpParameters);
43          // 设置控制台输出主机和从机命令交互日志
44          Modbus.setLogLevel(Modbus.LogLevel.LEVEL_DEBUG);
45
46          // 创建 Server 端的寄存器
47          MyOwnDataHolder dh =new MyOwnDataHolder();
48
49          // 为 Server 端寄存器添加监听事件,控制台输出
50          dh.addEventListener(new ModbusEventListener()
51          {
52              @ Override
53              public void onWriteToSingleCoil(int address, boolean value)
54              {
55                  System.out
56                      .print("onWriteToSingleCoil: address " +address +", value " +value);
57              }
58
59              @ Override
60              public void onWriteToMultipleCoils(int address, int quantity, boolean[] values)
61              {
62                  System.out.print("onWriteToMultipleCoils: address " +address +", quantity "
63                              +quantity);
64              }
65
66              @ Override
67              public void onWriteToSingleHoldingRegister(int address, int value)
68              {
69                  System.out.print("onWriteToSingleHoldingRegister: address " +address
70                              +", value " +value);
71              }
72
73              @ Override
74              public void onWriteToMultipleHoldingRegisters(int address, int quantity,
75                      int[] values)
76              {
77                  System.out.print("onWriteToMultipleHoldingRegisters: address " +address
78                              +", quantity " +quantity);
79              }
80          });
81
```

```
82          // 为 Server 端设置寄存器
83          slave.setDataHolder(dh);
84          // 设置 Server 端的读超时时间
85          slave.setReadTimeout(1500);
86          // 设置 Server 端寄存器的 03 和 04 功能码对应的数值寄存器
87          ModbusHoldingRegisters hr = new ModbusHoldingRegisters(100);
88          // 修改数值寄存器对应位置的值,第一个参数代表寄存器地址,第二个参数代表修改的数值
89          hr.set(0, 12);
90          hr.set(1, 34);
91          // 设置 Server 端寄存器的 01 和 02 功能码对应的位寄存器,即只有 false 和 true 值(或 0 和 1)
92          ModbusCoils mc = new ModbusCoils(16);
93          // 设置对应位寄存器地址的位值
94          mc.set(0, true);
95
96          // 为 Server 端设置 04 功能码对应的数值寄存器
97          slave.getDataHolder().setInputRegisters(hr);
98          // 为 Server 端设置 01 功能码对应的数值寄存器
99          slave.getDataHolder().setCoils(mc);
100         // 为 Server 端设置从机服务地址 Slave ID
101         slave.setServerAddress(1);
102         // 开启 Server 端监听事件,必须要这一句代码
103         slave.listen();
104
105         //设置 Java 虚拟机关闭时需要做的事情,即本程序关闭时需要执行,直接使用即可
106         if (slave.isListening())
107         {
108             Runtime.getRuntime().addShutdownHook(new Thread()
109             {
110                 @ Override
111                 public void run()
112                 {
113                     synchronized (slave)
114                     {
115                         slave.notifyAll();
116                     }
117                 }
118             });
119
120             synchronized (slave)
121             {
122                 slave.wait();
```

```
123                    }
124
125                    /*
126                     *using master-branch it should be # slave.close();
127                     */
128                    slave.shutdown();
129                }
130            }
131        catch (RuntimeException e)
132        {
133            throw e;
134        }
135        catch (Exception e)
136        {
137            e.printStackTrace();
138        }
139    }
140
141    // 监听接口
142    public interface ModbusEventListener
143    {
144        void onWriteToSingleCoil(int address, boolean value);
145
146        void onWriteToMultipleCoils(int address, int quantity, boolean[] values);
147
148        void onWriteToSingleHoldingRegister(int address, int value);
149
150        void onWriteToMultipleHoldingRegisters(int address, int quantity, int[] values);
151    }
152
153    // 寄存器类定义
154    public static class MyOwnDataHolder extends DataHolder
155    {
156
157        final List<ModbusEventListener>modbusEventListenerList =
158            new ArrayList<ModbusEventListener>();
159
160        public MyOwnDataHolder()
161        {
162            // you can place the initialization code here
163            /*
```

```
164              * something like that: setHoldingRegisters(new
165              * SimpleHoldingRegisters(10)); setCoils(new Coils(128)); ... etc.
166              */
167         }
168
169         public void addEventListener(ModbusEventListener listener)
170         {
171             modbusEventListenerList.add(listener);
172         }
173
174         public boolean removeEventListener(ModbusEventListener listener)
175         {
176             return modbusEventListenerList.remove(listener);
177         }
178
179         @Override
180         public void writeHoldingRegister(int offset, int value) throws
181                 IllegalDataAddressException, IllegalDataValueException
182         {
183             for (ModbusEventListener l : modbusEventListenerList)
184             {
185                 l.onWriteToSingleHoldingRegister(offset, value);
186             }
187             super.writeHoldingRegister(offset, value);
188         }
189
190         @Override
191         public void writeHoldingRegisterRange(int offset, int[] range)
192         throws IllegalDataAddressException, IllegalDataValueException
193         {
194             for (ModbusEventListener l : modbusEventListenerList)
195             {
196                 l.onWriteToMultipleHoldingRegisters(offset, range.length, range);
197             }
198             super.writeHoldingRegisterRange(offset, range);
199         }
200
201         @Override
202         public void writeCoil(int offset, boolean value) throws
203         IllegalDataAddressException, IllegalDataValueException
204         {
```

```
205          for (ModbusEventListener l : modbusEventListenerList)
206          {
207              l.onWriteToSingleCoil(offset, value);
208          }
209          super.writeCoil(offset, value);
210      }
211
212      @ Override
213      public void writeCoilRange(int offset, boolean[] range) throws
214      IllegalDataAddressException, IllegalDataValueException
215      {
216          for (ModbusEventListener l : modbusEventListenerList)
217          {
218              l.onWriteToMultipleCoils(offset, range.length, range);
219          }
220          super.writeCoilRange(offset, range);
221      }
222  }
223 }
```

当 Client 端和 Server 端都分别完成之后,即可进行互相连接测试。

以上内容已将 Java 语言下的 Modbus 应用程序的开发方法讲解完毕,如果还需要进一步深入理解并真正应用到实际项目中,则需要对 JlibModbus 源代码进行分析和改进,这些内容留给读者自行完成。

第 13 章

→ → → → → → →

Go 语言开发
Modbus 应用程序

近年来，Go 语言已经在开发者中越来越流行，Go 语言是一个开源的编程语言，它使得构造简单、可靠且高效的软件变得越来越容易。

本章将通过简单的实例让大家更好地了解和掌握如何使用 Go 语言开发 Modbus 的应用程序，以扩大其应用范围并掌握 Go 语言的开发技能。

13.1　开发环境的构建

为了便于初学者"从 0 到 1"掌握完整的开发过程和方法,下面简要介绍如何构建基于 Go 语言的开发环境。

13.1.1　安装 Go 语言开发环境

Go 语言是在 2007 年年末由 Robert Griesemer、Rob Pike、Ken Thompson 等语言大师主持开发的,后来还加入了 Ian Lance Taylor、Russ Cox 等人,并最终于 2009 年 11 月开源发布,2012 年发布了 Go 1.0 稳定版本。现在,Go 语言的开发已经是完全开放的,并且拥有一个活跃的社区组织。

1. 下载并安装语言包

Go 语言是一个跨平台的开发语言,支持以下操作系统:

- Linux
- FreeBSD
- Mac OS X(也称 Darwin)
- Windows

Go 语言安装包的下载地址为 https://golang.org/dl/。

如果打不开,也可以使用地址 https://golang.google.cn/dl/。

作为学习,这里以 Windows 操作系统下的开发为例进行讲解。首先访问 Go 语言主页并下载安装包。

如图 13-1 所示,下载最新的 Windows 版本的安装文件并运行安装。如果需要安装 32 位的版本,则可以在此下载页面下方的列表位置下载 gox.xx.x.windows-386.msi 的安装文件,其中,386 代表 32 位安装包,而 amd64 则代表 64 位安装包。

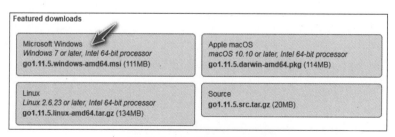

图 13-1　Go 语言下载页面

注意：如果之前已经安装了旧版本的 Go 语言开发环境，则升级安装时需要先手动删除旧版 Go 安装目录，例如 C:\Go 目录。

默认情况下，msi 安装文件会直接安装在 C:\Go 目录下。安装完成之后，还需要继续设置以下环境变量以确保生效（设置环境变量的方法请参考前面章节）。

通常情况下，安装完毕之后将自动添加 C:\Go\bin 路径到 PATH 环境变量。如果不存在，则需要将 C:\Go\bin 目录（即 Go 语言的执行目录）手动添加到系统 PATH 环境变量中，手动添加后需要重启命令行窗口才能生效。

另外，需要新建系统环境变量 GOROOT，变量值为 C:\Go\（即 Go 语言安装目录），如图 13-2 所示。

还需要新建或者编辑系统环境变量 GOPATH，变量值为当前准备开发使用的 Go 应用程序的工作目录，如图 13-3 所示。

图 13-2　设置 GOROOT 环境变量

图 13-3　设置 GOPATH 环境变量

需要补充说明的是，GOPATH 这个环境变量可以理解为个人 Go 应用程序的工作目录，这也是 Go 语言与其他编译型语言的不同之处。如果缺少 GOPATH 环境变量，则在编译和调试 Go 应用程序时通常会报"$GOPATH not set."这样的错误。

为进一步深入理解或便于开发，一般情况下需要对 GOPATH 目录结构做如下设置：

goWorkSpace　　// goWorkSpace 为 GOPATH 目录

-- bin　　// golang 编译可执行文件存放路径，可自动生成

-- pkg　　// golang 编译的 a 中间文件存放路径，可自动生成

-- src　　// 源码路径。按照 Go 语言默认约定，go run、go install 等命令的当前工作路径（即在此路径下执行上述命令）

对于多个项目，一般建议构建如下目录结构。

```
1  goWorkSpace// goWorkSpace 为 GOPATH 目录
2    --bin
```

```
3      --myApp1   // 编译生成的可执行文件
4      --myApp2   // 编译生成的可执行文件
5      --myApp3   // 编译生成的可执行文件
6    --pkg
7    --src
8    --common 1
9    --common 2
10   --common utils ...
11   --myApp1      // project1
12     --models
13     --controllers
14     --others
15     --main.go
16   --myApp2      // project2
17     --models
18     --controllers
19     --others
20     --main.go
21   --myApp3      // project3
22     --models
23     --controllers
24     --others
25     --main.go
```

对于初学者,为了开发方便,请依照以上要求分别建立 bin、pkg、src 等目录。

对工作目录的严格限定是 Go 语言作为一门工程化语言的最明显标识,Go 语言开发之初的主要目标就是以大规模软件工程为主的,而不是仅作为学术研究。

2. 测试开发环境

安装完毕之后,打开命令行窗口,输入 go env 测试当前环境,如图 13-4 所示。

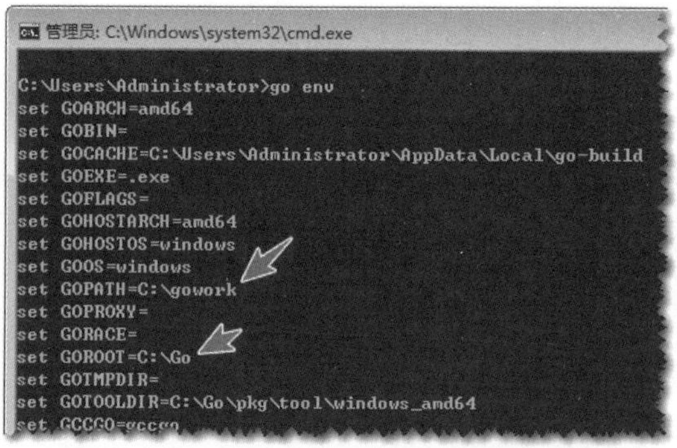

图 13-4　测试 Go 开发环境

下面建立一个示例程序进行编译测试,首先在工作目录下创建项目目录,如C:\>gowork\src\test;然后使用记事本或其他文本编辑器在src\test目录下创建test.go的文件,内容如下。

```
1  package main
2
3  import "fmt"
4
5  func main()
6  {
7      fmt.Println("Hello, World!")
8  }
9
```

打开命令行窗口,使用 go 命令执行以上代码,输出结果如图 13-5 所示。

图 13-5　测试第一个 Go 程序

如果可以正确地输出"Hello，World!"字符串,则表明 Go 语言开发环境安装成功,否则请按照上述步骤重新安装并设置开发环境。

13.1.2　Go 语言图形化开发工具

正所谓"工欲善其事,必先利其器",使用记事本编辑及使用命令行调试 Go 语言应用程序总是不够方便。与 Java 开发工具类似,Go 语言也需要一套图形化开发工具提高开发效率便于调试。目前流行的 Go 语言 IDE 开发环境如下。

1. GoLand

GoLand 是 JetBrains 公司为 Go 语言开发者提供的一个符合人体工程学的新的商业 IDE,这个 IDE 整合了 IntelliJ 平台中有关 Go 语言的编码辅助功能和工具集成特点,其核心功能面向 Go 语言,这也是 JetBrains 公司的一贯风格,例如之前推出的用于 Python 的 PyCharm 和用于 Ruby 的 RubyMine。

GoLand 具备可以生成参考字段和函数,找出无用的变量、非法的常量赋值等

特色功能。GoLand 的调试工具与其他 JetBrains 工具套件中的调试工具也很相似,开发人员可以添加调试断点、步进调试、查看表达式变量、添加观察点等。

但是,GoLand 作为一款商业软件,遵循 JetBrains 的标准许可模型,允许 30 天免费试用,试用期过后需要按月或按年订阅付费。

官方地址:https://www.jetbrains.com/go/。

2. LiteIDE

LiteIDE 是由中国人开发的一个简单的开源 IDE。值得注意的是,LiteIDE 是 Go 语言在 2012 年正式版发布后的首个 IDE,由 Qt 开发,LiteIDE 看起来类似于 Visual Studio 和 GCC C++等其他编译器。

由于 LiteIDE 是为 GoLang 直接设计的,因此它为开发人员提供了许多有用的功能,包括可配置的构建命令、高级代码编辑器和广泛的 GoLang 支持。

官方地址:http://liteide.org。

3. Atom

开发人员可以利用 Atom IDE 改进语言集成并使用更智能的编辑器。开源的 go-plus 软件包使开发人员更容易在 Go 中进行编程。

Atom 和 go-plus 软件包为 GoLang 提供工具、构建流程、linters、vet 和 coverage 工具的支持。其他功能包括自动完成、格式化、测试和文档。使用 deve 的 go-debug 包可以添加其他调试功能。

官方地址:https://atom.io。

4. Visual Studio Code(VS Code)

Visual Studio Code 是微软公司开发的广受欢迎的开源 IDE,它有一个开箱即用的 Go 扩展可供 VS Code 使用。vscode-go 插件为开发人员提供了更多功能,包括与许多 Go 工具集成。

VS Code 通过 IntelliSense 内置 Git 集成、直接从编辑器调试代码等功能,同时提供智能完成功能。VS Code 具有高度可扩展性,并通过其许多扩展提供了诸多自定义选项。VS Code 还提供了几十种语言的支持,这使得它成为广受开发者欢迎的工具。

官方地址:https://code.visualstudio.com。

在这里,为了简化安装和配置等过程,方便编译和调试,同时兼顾生产环境的使用,我们选用 VS Code 作为 Go 语言的开发工具。

具体的安装和使用方法如下。

1. 下载并安装 VS Code

VS Code 下载地址:https://code.visualstudio.com/。

下载完毕后按照默认设置安装到计算机即可。

2. 安装 Git 命令行工具

Git 是当今最流行的源码版本控制软件，它包含许多高级工具，VS Code 中大量使用了 Git 安装插件的功能，因此 Git 工具是必须具备的。

下载地址：https://git-scm.com/downloads。

下载安装包之后，双击进行安装，配置安装选项时，建议勾选所需选项，如图 13-6 所示。

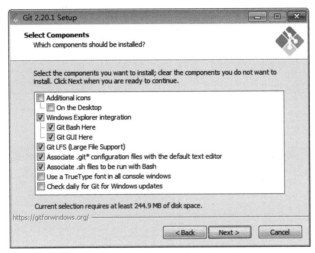

图 13-6　安装勾选 Git 工具选项

当选择是否调整 PATH 环境变量时，建议选择从命令行启动，如图 13-7 所示。

当选择配置行尾符是否转换时，建议如图 13-8 选择即可。

其他各步骤一步步往下进行即可，最后单击【Finish】按钮完成安装。重新打开命令行并输入 git 命令，查看 Git 工具是否安装成功。

3. 安装 GoLang 开发插件

安装完前面的辅助工具之后，接下来需要安装相关插件以支持 Go 语言的开发。

对于 VS Code 开发工具来说，有一款优秀的 GoLang 插件，它的主页为 https://github.com/microsoft/vscode-go，为了让 VS Code 支持 GoLang 的编译调试，需要首先安装此插件。

安装方法如下：首先启动 VS Code，然后按【Ctrl＋Shift＋X】键或者单击左侧导航栏中的图标⊞。

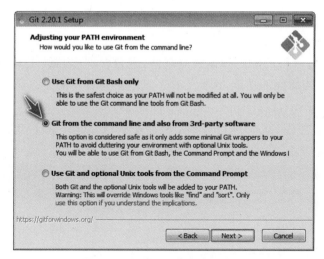

图 13-7　设置 Git 从命令行启动

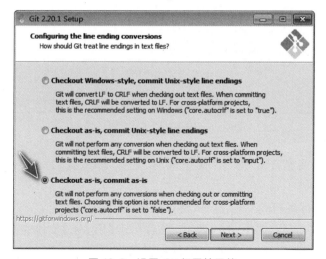

图 13-8　设置 Git 行尾符风格

　　打开扩展搜索栏，输入 Go，安装附带星标的插件，如图 13-9 所示。

　　另外，为了能够在 VS Code 中调试 GoLang 应用程序，还需要安装 delve 插件工具。

　　启动 VS Code，然后选择菜单【File】→【Open File】载入前面生成的 test.go 程序，然后在 fmt.Println（"Hello，World!"）这句话旁边按【F9】键打下断点，如图 13-10 所示。

图 13-9　安装 Go 开发插件

```go
test.go    ×
1    package main
2
3    import "fmt"
4
5    func main() {
6        fmt.Println("Hello, World!")
7    }
```

图 13-10　在 VS Code 中载入 Go 代码

之后，按【F5】键进入 debug 状态，此时 VS Code 的右下角会弹出对话框（如果没有弹出对话框，则关闭 VS Code 并重复前面的步骤即可），如图 13-11 所示。

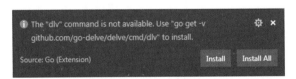

图 13-11　在 VS Code 中提示是否安装插件

单击【Install All】按钮，即可安装所有 GoLang 调试相关插件。

由于网络的原因，自动安装调试插件不是总能奏效，因此如果以上自动安装插件的方法失败或者部分失败，则可以采用手动安装的方法。

需要安装的插件如下：

gocode

gopkgs

go-outline

go-symbols

guru

gorename

dlv

gocode-gomod

godef

goreturns

golint

之所以安装失败是因为各插件包编译依赖时缺少一些基本工具包（包括 go tools 和 golint），因此需要首先安装基础工具包。

首先安装 go tools 工具包，打开命令行窗口，依次执行以下命令即可。

① 打开命令行，执行 go env，确认 GOPATH 设置是否正确。

② 执行 md %GOPATH%\src\github.com\golang，创建相关目录。

③ 执行 cd %GOPATH%\src\github.com\golang，切换到相关目录。

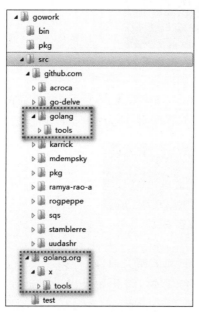

图 13-12　构建 Go 语言工具包目录

如果提示"系统找不到指定的路径"，则需要重复创建目录的指令，或者手动创建以上路径 src\github.com\golang。%GOPATH% 是环境变量，例如本机是 C:\gowork 目录。

④ 执行 git clone，地址为 https://github.com/golang/tools.git tools，用于下载工具包。

当下载完成后，会发现 %GOPATH%\src\github.com\golang 目录下多了一个 tools 目录，需要把 tools 目录下的所有文件复制到 %GOPATH%\src\golang.org\x\tools 目录下，如果 golang.org\x\tools 目录不存在，则可以自行创建。

构建完成之后，此时的目录结构如图 13-12 所示。

⑤ 打开命令行窗口，在命令行中依次执行如下命令，以安装各个插件。

```
1   go install   github.com/mdempsky/gocode
2   go install   github.com/uudashr/gopkgs/cmd/gopkgs
3   go install   github.com/ramya-rao-a/go-outline
4   go install   github.com/acroca/go-symbols
5   go install   golang.org/x/tools/cmd/guru
6   go install   golang.org/x/tools/cmd/gorename
7   go install   github.com/go-delve/delve/cmd/dlv
8   go install   github.com/stamblerre/gocode
9   go install   github.com/rogpeppe/godef
10  go install   github.com/sqs/goreturns
```

⑥ 继续安装 golint。打开命令行,执行 cd %GOPATH%\src\github.com\golang,切换到 GOPATH 目录;然后执行命令 git clone https://github.com/golang/lint.git lint,将 golint 也下载到本地;之后复制%GOPATH%\src\github.com\golang\lint 目录到%GOPATH%\src\golang.org\x 目录下,目录结构如图13-13 所示。最后执行【go install golang.org\x\lint\golint】完成安装。

经过以上步骤,GoLang 调试环境准备完毕。

重新打开 VS Code,然后按 F5 键进入调试环境,如果 VS Code 状态栏出现黄色提示条,则单击【Analysis Tools Missing】按钮,在弹出的对话框中单击【Install】按钮安装相应的插件,如图 13-14 所示。

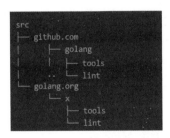

图 13-13　构建 lint 工具包目录

图 13-14　提示安装辅助插件

安装完毕后会发现在%GOPATH%\bin 目录下生成了一些新的命令行工具,建议将其剪切到 Go 语言的安装目录 C:\Go\bin 下。

环境准备完毕之后,可以在 VS Code 中打上断点,然后按 F5 键进行 debug 调试。为了生成可执行的 exe 文件,可以在入口 main()文件上右击弹出菜单,选择【Go：Show All Commands】项,在弹出的选择框中选择【Go：Build Workspace】项则可自动生成 exe 可执行文件。

至此,全部基于 VS Code 的 Go 语言开发、编译和调试环境已搭建完毕。实际

上,Go 语言开发环境的搭建是相当复杂的,希望读者能够耐心完成。

图 13-15　右击后弹出的菜单

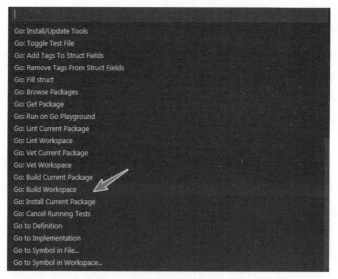

图 13-16　选择生成可执行文件

13.2 开发 Modbus 应用程序

本节将通过编写 Modbus 应用程序实际演练具体的开发方法。

13.2.1 准备工作

除了基于 Libmodbus 库开发之外,基于 Go 语言的 Modbus 类库也非常多。在查询了大量的资料和考查比较了不同的 Go 语言开源库之后,本书着重推荐使用如下开发包进行 Go 语言的 Modbus 应用程序开发。

主页:https://github.com/goburrow/modbus。

为了编写我们自己的 Modbus 应用程序,首先在命令行中执行以下指令,获取相关依赖包:

go get github.com/goburrow/modbus

go get github.com/goburrow/serial

执行完毕后,在%GOPATH%\src\github.com\goburrow 目录下将看到相关依赖包的源代码。

至此为止,前期工作已准备完毕,接下来编写 Modbus 例子程序。

13.2.2 代码编写和调试

为了编写我们自己的 Modbus 应用程序,在 Go 语言的工作目录%GOPATH%\src 下新建一个应用程序目录,如 modbus_prj。

在此目录下新建一个文件,如 modbus.rtutest.go,在目录 modbus_prj 上右击,在弹出的菜单中选择【Open with Code】项,如图 13-7 所示。

图 13-17 使用 VS Code 打开项目目录

在 VS Code 中编写 Go 代码,完整代码如下。

```
1  package main
2
3  import (
```

```
 4        "encoding/hex"
 5        "fmt"
 6        "log"
 7        "os"
 8
 9        "github.com/goburrow/modbus"
10    )
11
12    const (
13        rtuDevice = "COM1"
14    )
15
16    // 测试 RTU 客户端
17    func TestRTUClient() {
18        handler := modbus.NewRTUClientHandler(rtuDevice)
19        handler.BaudRate = 115200
20        handler.DataBits = 8
21        handler.Parity = "N"
22        handler.StopBits = 1
23        handler.SlaveId = 1
24        handler.Logger = log.New(os.Stdout, "rtu: ", log.LstdFlags)
25
26        err := handler.Connect()
27        if err ! = nil {
28            fmt.Println(err)
29        }
30        defer handler.Close()
31
32        client := modbus.NewClient(handler)
33
34        //读取离散寄存器测试
35        results, err := client.ReadDiscreteInputs(1, 2)
36        if err ! = nil || results == nil {
37            fmt.Println(err)
38        } else {
39            fmt.Println(hex.EncodeToString(results)) //打印结果
40        }
41
42        //读取保持寄存器测试
43        results, err = client.ReadHoldingRegisters(1, 5)
44        if err ! = nil || results == nil {
```

```
45          fmt.Println(err)
46      } else {
47          fmt.Println(hex.EncodeToString(results)) //打印结果
48      }
49
50      //保持寄存器一次读一次写测试
51      results, err =client.ReadWriteMultipleRegisters(
52                       0, 2, 2, 2, []byte{1, 2, 3, 4})
53      if err ! =nil || results ==nil {
54          fmt.Println(err)
55      } else {
56          fmt.Println(hex.EncodeToString(results)) //打印寄存器结果
57      }
58  }
59
60  func main() {
61      TestRTUClient()
62      fmt.Println("Modbus Test End")
63  }
```

现在可以设置断点,并开始调试和运行了。

参考前面章节提供的方法,启动 Modbus Tools 工具并进行通信测试。

注意:在 Modbus Slave 工具上设置串口参数时,必须与代码中的参数对应,如图 13-18 所示。

图 13-18　设置调试工具波特率

同样地,我们也可以进行 TCP 模式下的 Modbus 应用程序的开发,完整代码如下。

```go
1   package main
2
3   import (
4       "encoding/hex"
5       "fmt"
6       "log"
7       "os"
8       "time"
9
10      "github.com/goburrow/modbus"
11  )
12
13  const (
14      tcpDevice = "localhost:5020"
15  )
16
17  // modbus tcp test func
18  func TestTcplient() {
19      handler := modbus.NewTCPClientHandler(tcpDevice)    //设置 IP 和端口
20      handler.Timeout = 5 * time.Second                   //设置超时
21      handler.SlaveId = 1                                 //设置 Server 端 ID
22      handler.Logger = log.New(os.Stdout, "tcp: ", log.LstdFlags)
23      handler.Connect()
24      defer handler.Close()
25
26      client := modbus.NewClient(handler)
27      results, err := client.ReadDiscreteInputs(1, 2)      //读取离散寄存器
28      if err ! =nil || results ==nil {
29          fmt.Println(err)
30      }
31
32      //写保持寄存器
33      results, err =client.WriteMultipleRegisters(1, 2, []byte{0, 3, 0, 4})
34      if err ! =nil || results ==nil {
35          fmt.Println(err)
36      }
37      //写线圈
38      results, err =client.WriteMultipleCoils(5, 10, []byte{4, 3})
39      if err ! =nil || results ==nil {
40          fmt.Println(err)
41      } else {
```

```
42          fmt.Println(hex.EncodeToString(results)) //打印寄存器结果
43      }
44
45  }
46
47  func main() {
48      TestTcplient()
49      fmt.Println("Modbus Tcp Test End")
50  }
```

当 Client 端和 Server 端都分别完成之后,即可进行互相连接测试。

以上内容将 Go 语言下的 Modbus 应用程序的开发方法讲解完毕,如果还需要进一步深入理解并真正应用到实际项目中,则还需要对源代码进行分析和改进,这些内容留给读者自行完成。

另外,通过 Go 语言调用 Libmodbus 的动态链接库 DLL 文件的方法属于另外一个重要的知识点,Go 语言的标准包 syscall 提供了调用 DLL 所需的各种 API 接口,读者也可以参考前面章节的内容自行完成。

参 考 文 献

[1] Modbus Organization. Modbus application protocol specification [S/OL]. http://www.modbus.org.

[2] 中国国家标准化管理委员会. 基于 Modbus 协议的工业自动化网络规范[M].北京:中国质检出版社,2014.

[3] 维基百科. Modbus 条目说明[EB/OL]. https://en.wikipedia.org/wiki/Modbus.

[4] Stéphane Raimbault. A Modbus library for Linux,Mac OS X,FreeBSD,QNX and Win32 [EB/OL]. http://www.libmodbus.org.

[5] Christian Walter. FreeMODBUS — A Modbus ASCII/RTU and TCP implementation[EB/OL]. http://www.freemodbus.org/.

[6] NModbus4 Group. NModbus4 — A C♯ implementation of the Modbus protocol[EB/OL]. https://github.com/NModbus4/NModbus4.

[7] ModbusDriver Ltd. What You should know about Modbus [EB/OL]. http://www.modbusdriver.com/doc/libmbusmaster/modbus.html.

[8] Witte Software. Modbus Poll quick start guide[EB/OL]. http://www.modbustools.com/quickstart.html.

[9] Witte Software. Modbus protocol description[R/OL]. http://www.modbustools.com/modbus.html.

[10] Eltima software. Virtual serial port driver — Online user guide[R/OL]. http://wiki.eltima.com/user-guides/vspd.html.

[11] Simply Modbus. Modbus TCP/IP[EB/OL]. http://www.simplymodbus.ca/TCP.html.

[12] Real Time Automation. Modbus TCP/IP [ROL]. http://www.rtaautomation.com/technologies/modbus-tcpip.